図解速習
DEEP LEARNING
ディープラーニング

Tomoaki Masuda
増田知彰 著

C&R研究所

■ 権利について
- 本書に記述されている社名・製品名などは、一般に各社の商標または登録商標です。
- 本書では™、©、®は割愛しています。

■ 本書の内容について
- 本書は著者・編集者が実際に操作した結果を慎重に検討し、著述・編集しています。ただし、本書の記述内容に関わる運用結果にまつわるあらゆる損害・障害につきましては、責任を負いませんのであらかじめご了承ください。
- 本書についての注意事項などを5ページに記載しております。本書をご利用いただく前に必ずお読みください。
- 本書は2019年4月現在の情報をもとに記述しています。

● 本書の内容についてのお問い合わせについて

この度はC&R研究所の書籍をお買いあげいただきましてありがとうございます。本書の内容に関するお問い合わせは、「書名」「該当するページ番号」「返信先」を必ず明記の上、C&R研究所のホームページ(http://www.c-r.com/)の右上の「お問い合わせ」をクリックし、専用フォームからお送りいただくか、FAXまたは郵送で次の宛先までお送りください。お電話でのお問い合わせや本書の内容とは直接的に関係のない事柄に関するご質問にはお答えできませんので、あらかじめご了承ください。

〒950-3122 新潟県新潟市北区西名目所4083-6　株式会社 C&R研究所　編集部
FAX 025-258-2801
『図解速習DEEP LEARNING』サポート係

▌▌▌PROLOGUE

　この本を手にとってくださり、ありがとうございます。
　「趣味か仕事かを問わず、人工知能・機械学習・深層学習の活用方法が得られるのでは」「興味を満たしてくれるのでは」「書棚に並んでいたからたまたま」きっかけや期待はさまざまでしょう。
　本書は、**機械学習・深層学習を自分のやりたいことや課題に適用できる「総合力をつけること」**を目的に、基礎から応用まで、文字通り、ひとっ飛びに紹介します。

▌▌▌本書の特徴

　全編を通して「習うより慣れる」の考え方で、下記のように進めます。
- 機械学習の学びと実践に必要な7つの地図を持つ
- 最新のトレンドをかみくだき、網羅的に紹介する
- さらに自分のペースでキャッチアップを続ける方法を知る
- 数式で挫折せず、あなたの手で動かして、機械学習の基本の流れを体得する
- 26もの数値、画像／映像、自然言語、音、強化学習の事例を動かし体得する
- 環境構築で挫折せず、Colaboratoryという無料GPUクラウドを使いこなす

　「難しそう、ついていけないのでは」「数学や数式を理解できないのでは」「プログラミングは苦手・はじめて」と不安と思われるかもしれません。でも、心配はいりません。

▶ 難しそう/ついていけるか
　まず動かし、体感することが主眼です。飽きる、どこかで止まるが極力ないよう注意しました。

▶ 数学や数式
　図をふんだんに用い、数式を理解しなくとも読み進められます（ただし数式は、物事の関係や演算を表すのにとても優れ、美しい言語です。本書のあとの発展のため、数式を読める意味、メリットをとりあげます）。

▶ プログラミング
　コーディングなく動かし、流れを掴んだり、パラメータを変えて、動きの変化を確認できます。（本書ではプログラミングを解説しませんが、こうした「できること」の流れを掴んでからのほうが、実際のプログラミング学習もスムーズに進みます。）

　さらに、「知識」のみならず、動かして楽しむことを通して、さらに次に進める「推進力」「動機付け」が得られます。
　そしてその勢いがついたら、本書を読み進める中でも、現れる単語、わからない言葉をインターネット上の検索で調べてみてください。この200ページあまりではカバーできなかった内容を、自ら取り入れ、さらに先へ進むことができます。

対象読者

本書は、次のような目的やお悩みを持つ方に最適です。

- 人工知能・機械学習・深層学習で、何ができる・できないか実態がわからない
- 理解し、扱えるようになりたいが、何から手を付けるかわからない
- 自分でチュートリアルを試してみたが、環境構築で行き詰まり、先へ進めない
- いくつかチュートリアルは終えたが、その一歩先、他の分野の情報がない
- 手元にGPUマシンがなくやれることが限られ、クラウドへの課金は難しく困っている
- 独学で「理論や数式からを一から学ぶ」のはハードルが高い

必須ではありませんが、下記があるとさらに本書の内容を活用できるでしょう。

- プログラミング経験がある、または学ぶ意欲がある
- 英語アレルギーがない、または学ぶ意欲がある

さあ、本書と、本書を超えた機械学習の冒険に出かけましょう。

謝辞

インターネット上に公開された日本語、英語のさまざまなリソースとその公開者に感謝します。講義動画、発表資料、論文、ブログ記事、これらなくしてはこの本はできませんでした。

日々、いろいろなアイデア、動機付けをくれた友人、知人、同僚、上司、家族、親類に感謝します。中でも、レビューをいただいた中野渡敬教さん、中村雄一郎さん、中島朋洋さん、宮田高道さん、吉川哲史さんに感謝します。さまざまな視点で、より読みやすく、正確な情報をお届けするためのアイデアをいただきました。

本の制作に携わってくださった方々、特に編集の吉成さんに感謝します。なかなか仕上がらぬ原稿を辛抱強く待ち続け、仕上げていただき、ありがとうございました。

最後に、日々安らぎと気づきを与え、執筆を陰に陽に支援してくれた妻と息子に感謝します。家族の支えと理解がなければこの書籍を完成させることはできませんでした。この場を借りて、本当にありがとう。

2019年4月

増田知彰

本書について

サポート

本書のサポートサイトを設けました。ぜひ本書とともにご活用ください。
- 本書のサポートサイト
  URL https://github.com/tomo-makes/dl-in-a-sec/

サポートサイトでは下記の情報を掲載しています。
- 書籍の正誤表
- 書籍中で紹介したリソースへのリンク
- Colaboratoryノートブック

▶ 本書で紹介しているColaboratoryノートブックについて

本書で紹介しているColaboratoryノートブックは、一部を除き、もととなるノートブックのライセンスに基づき、筆者が日本語訳としてまとめています。

本書の執筆環境と動作環境

執筆にあたり、macOS High Sierra上のGoogle Chromeブラウザ上で動作を確認しました。また、主要なソフトウェア、ライブラリのバージョンは次の通りです。
- Google Colaboratory(2019年4月時点の最新版)
- TensorFlow 1.13.1(また、2.x系のリリースが近いため、可能な限り考慮しました)
- Stable Baselines(2019年4月時点の最新版)

注意点

本書に記載の内容や、参照するリンク、プログラムなどは2019年4月時点のものであり、予告なく変更されたり、動作しなくなる恐れがあります。また、本書の内容を適用した結果や、想定をしない動作の結果などについて、著者、出版社ともに責任を負うことはできません。あらかじめご了承ください。

ソースコードの中の▼について

本書に記載したサンプルプログラムは、誌面の都合上、1つのサンプルプログラムがページをまたがって記載されていることがあります。その場合は▼の記号で、1つのコードであることを表しています。

CONTENTS

■ CHAPTER 01

機械学習・深層学習を学ぶための地図を持とう

001　「知る・わかる」から「できる」へのロードマップ …………………… 12
- ▶「人工知能・機械学習・深層学習とは」
  　　　　　　　— 地図1：AI・機械学習・深層学習の位置付け ……13
- ▶「地図とコンパス」— 地図2：機械学習を学ぶ道筋 ………………………14
- ▶「Why/What/How」— 地図3：適用分野と手法………………………………16
- ▶「鳥の目、虫の目」— 地図4：情報収集法の使い分け ……………………19
- ▶「基本の繰り返し」— 地図5：機械学習活用の流れ ………………………19
- ▶「必要な道具と実装」— 地図6：システム、アーキテクチャと権利 ……20
- ▶「で、数学は必要?」— 地図7：学習に必要な基礎や関連分野 …………21
- ▶まとめ ………………………………………………………………………………23

002　さまざまな分野と最先端の事例 ………………………………………… 25
- ▶各分野の広がりと最新状況を知る……………………………………………26
- ▶数値・表形式系 — 推論：データから、対象を予測する …………………26
- ▶画像／映像系 — 認識：AIの目にうつるもの ………………………………29
- ▶画像／映像系 — 生成：AIの描き出すもの …………………………………33
- ▶画像／映像系 — 認識と生成の間 ……………………………………………35
- ▶文章／言語系 — 言葉を操るAI ………………………………………………38
- ▶音声／音楽系 — AIが聴き・話し・演奏するもの …………………………42
- ▶グラフを扱う ……………………………………………………………………44
- ▶その他の領域 ……………………………………………………………………45
- ▶強化学習：行動を学ぶAI ………………………………………………………45

003　最新の知見についていくために ………………………………………… 49
- ▶新しい情報を取り入れるには …………………………………………………49
- ▶フォローすべきメディア ………………………………………………………51
- ▶学会、勉強会、発表会などの1年 ……………………………………………52
- ▶多様な講座と学びのアプローチ ………………………………………………54
- ▶論文を読んでみる ………………………………………………………………55
- ▶英語情報をうまく活用するには ………………………………………………56

■ CHAPTER 02

機械学習・深層学習の基礎を学ぼう

004　手書き数字識別で機械学習の流れを体感する …………………………… 58
- ▶Colaboratoryを使ってみる ……………………………………………………58
- ▶下ごしらえ ………………………………………………………………………61
- ▶データセットを準備する ………………………………………………………62
- ▶モデルを選ぶ ……………………………………………………………………63
- ▶条件（optimizer、loss）を決める ……………………………………………64
- ▶学習と評価 ………………………………………………………………………64
- ▶チューニング ……………………………………………………………………66
- ▶まとめと発展 ……………………………………………………………………70

CONTENTS

- **005** インタラクティブに学ぶ機械学習の舞台裏 …………… 72
  - ▶Playgroundで学習とチューニングを行う …………………72
  - ▶Playgroundで他の課題を試す …………………………75
  - ▶試してみよう ……………………………………………76
  - ▶手書き数字認識との関係 …………………………………77
  - ▶まとめと発展 ……………………………………………77
- **006** 画像認識コンペの世界を覗く ……………………… 78
  - ▶下ごしらえ ………………………………………………78
  - ▶データセットを準備する …………………………………79
  - ▶モデルを選び、条件を決める………………………………80
  - ▶学習、評価、チューニングを繰り返す ……………………82
  - ▶予測モデル構築時の工夫 …………………………………85
  - ▶コンテスト結果……………………………………………87
  - ▶予測結果から得られる示唆 ………………………………88
  - ▶まとめと発展 ……………………………………………89
- **007** 機械学習活用の流れ………………………………… 90
  - ▶目的と課題を具体化する …………………………………90
  - ▶MVPを考える ……………………………………………92
  - ▶データセットを準備する …………………………………93
  - ▶モデルを選び、条件を決める………………………………93
  - ▶学習、評価、チューニングを繰り返す ……………………93
  - ▶実環境で評価する ………………………………………94
  - ▶機械学習用のアーキテクチャや運用………………………94
  - ▶まとめ ……………………………………………………96

■CHAPTER 03

さまざまな事例を実践してみよう

- **008** 数値・表形式のデータを使った機械学習を試す ……… 98
  - ▶概要 ………………………………………………………98
  - ▶東大松尾研データサイエンス講座に取り組む ……………99
  - ▶まとめと発展 …………………………………………… 101
- **009** 画像／映像を扱う深層学習を試す …………………… 102
  - ▶概要 …………………………………………………… 102
  - ▶ファッション画像を分類する …………………………… 105
  - ▶転移学習で画像を分類する ……………………………… 107
  - ▶DeepDreamで画像スタイルを変換する ………………… 109
  - ▶動画のコンテキスト認識を行う ………………………… 112
  - ▶DELFで特定物体認識を試す …………………………… 115
  - ▶さまざまな学習済みGANを比較する …………………… 119
  - ▶CycleGANで画像の変換・生成を行う ………………… 120
  - ▶BigGANで高精細画像を生成する ……………………… 122
  - ▶まとめと発展 …………………………………………… 124

CONTENTS

10 自然言語を扱う深層学習を試す ……125
- ▶概要 …… 125
- ▶映画情報サイトにあるレビューを識別する(その1) …… 127
- ▶映画情報サイトにあるレビューを識別する(その2) …… 131
- ▶Universal Encoderで話題が近い文を見分ける …… 134
- ▶文章を生成する …… 136
- ▶スペイン語から英語へのニューラル機械翻訳を作る …… 137
- ▶画像のキャプションを生成する …… 140
- ▶まとめと発展 …… 141

11 音を扱う深層学習を試す ……142
- ▶概要 …… 142
- ▶ブラウザから日本語音声認識を試す …… 143
- ▶mimiで音声認識・翻訳・合成の流れを体感する …… 145
- ▶E-Z NSynthでまだ聴いたことのない楽器の音を作る …… 146
- ▶MusicVAEで作曲する …… 147
- ▶Performance RNNで即興演奏を行う …… 150
- ▶録音からピアノの譜面を起こす …… 151
- ▶まとめと発展 …… 153

12 強化学習系を試す ……154
- ▶強化学習の流れ …… 155
- ▶強化学習用のフレームワーク …… 156
- ▶バランス制御を学習する …… 157
- ▶姿勢制御、着陸を学習する …… 159
- ▶ブロック崩しを学習する …… 162
- ▶自動運転を学習する …… 164
- ▶他の環境を試す …… 166
- ▶まとめと発展 …… 166

13 深層学習を使ったアプリのPrototyping ……167
- ▶JavaScriptのMLライブラリ …… 167
- ▶プロトタイプの開発環境 …… 168
- ▶事前学習済みのモデル …… 169
- ▶いろいろな作例を動かしてみる …… 170
- ▶既存のアプリ作例を見る(PoseNet) …… 172
- ▶自分でアプリを作ってみる …… 175
- ▶まとめと発展 …… 175

CHAPTER 04
Colaboratory使いこなしガイド

- 14 Colaboratoryとは …………………………………………… 178
- 15 Colabを開いてみよう ………………………………………… 179
  - ▶新規ノートブックを作る ……………………………………… 179
  - ▶既存のノートブックを開く（Googleドライブ）……………… 179
  - ▶既存のノートブックを開く（GitHub）………………………… 179
  - ▶既存のノートブックを開く（ローカルからアップロード）… 180
- 16 ノートブックの構成 …………………………………………… 181
  - ▶メニュー ………………………………………………………… 181
  - ▶左ペイン ………………………………………………………… 182
  - ▶右ペイン ………………………………………………………… 182
  - ▶ステータス ……………………………………………………… 182
- 17 ノートブックの基本操作 ……………………………………… 183
  - ▶Pythonの実行 ………………………………………………… 183
  - ▶シェルコマンドの実行 ………………………………………… 183
  - ▶カレントディレクトリの変更 ………………………………… 183
  - ▶パッケージ導入 ………………………………………………… 184
- 18 ノートブックのランタイム …………………………………… 185
  - ▶ランタイムの仕様 ……………………………………………… 185
  - ▶GPUの有効化 …………………………………………………… 185
  - ▶TPUの有効化 …………………………………………………… 186
- 19 ランタイムの管理 ……………………………………………… 187
  - ▶90分ルールと12時間ルール …………………………………… 187
  - ▶残りリソース（ディスク、メモリ）…………………………… 189
- 20 ファイル読み込みと保存 ……………………………………… 191
  - ▶ローカルからのアップロード・ダウンロード ……………… 191
  - ▶ランタイムとGoogleドライブの接続 ………………………… 191
  - ▶ファイルの読み込み（Googleドライブ）……………………… 192
  - ▶ファイルの保存（Googleドライブ）…………………………… 193
  - ▶残り容量の管理（Googleドライブ）…………………………… 193
- 21 おすすめのノートブック構成 ………………………………… 194
  - ▶ランタイムとノートブックの関係 …………………………… 194
  - ▶メインノートブックの実行負荷を確認する ………………… 195
  - ▶学習や推論中に並行作業をする ……………………………… 195
- 22 おかしいなと思ったら ………………………………………… 196

CONTENTS

023　最新のランタイム環境を確認する ……………………………………… 197
- ▶OSとバージョン ……………………………………………………………… 197
- ▶ディスクサイズ ……………………………………………………………… 197
- ▶メインメモリサイズ ………………………………………………………… 197
- ▶割り当てCPU ………………………………………………………………… 197
- ▶割り当てGPU／TPU ………………………………………………………… 198
- ▶GPUドライバ、ライブラリ ………………………………………………… 199

024　さまざまな機械学習・深層学習フレームワークを使う ……………… 200
- ▶導入済みパッケージ ………………………………………………………… 200
- ▶TensorFlow …………………………………………………………………… 200
- ▶PyTorch ……………………………………………………………………… 200
- ▶Chainer ……………………………………………………………………… 200

025　Colabの制約を外したい ………………………………………………… 202
- ▶自前のColabバックエンド（ローカルランタイム接続） ………………… 202
- ▶Cloud Datalab ……………………………………………………………… 202
- ▶AI Platform Notebooks …………………………………………………… 202

●索引 ……………………………………………………………………………… 204

CHAPTER 01
機械学習・深層学習を学ぶための地図を持とう

SECTION-001

「知る・わかる」から「できる」へのロードマップ

　本書のゴールは、**自分のやりたいこと、課題に適用「できる」まで進む「総合力をつけること」**です。「ならうより慣れる」の考え方で、この地図を「眺める」だけでなく「歩く」、つまり実際に機械学習・深層学習を「さわる」「動かす」ことを、全編にわたって織り込みます。
本書は、読者に**全体像と各章のトピックやつながりを意識しながら進めてもらうため、7つの地図を用意します**。これが、このまま本節の内容に対応しています。ページをめくって対応付けながら、これからの旅路を想像してみてください。

- 地図1：AI・機械学習・深層学習の位置付け
- 地図2：機械学習を学ぶ道筋
- 地図3：適用分野と手法
- 地図4：情報収集法の使い分け
- 地図5：機械学習活用の流れ
- 地図6：必要なシステムとアーキテクチャ
- 地図7：学習に必要な分野と関連分野

　さあ、地図を持って、機械学習・深層学習をめぐる旅に出かけましょう。

▍「人工知能・機械学習・深層学習とは」― 地図1：AI・機械学習・深層学習の位置付け

人工知能、機械学習、深層学習。これらの言葉はどう生まれ、今、どう使われているのでしょうか。

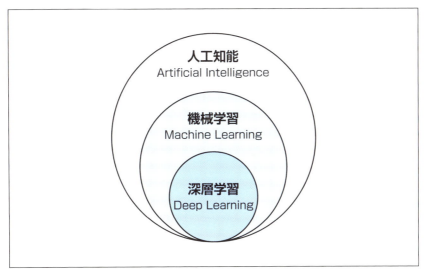

▶ 人工知能（Artificial Intelligence）

人工知能は、学術分野以外でも使われるため、人によりその理解が異なります。言葉自体はJohn McCarthy氏が1955年に生み出しました。「強いAI」「弱いAI」という言葉で、その期待値を合わせる説明がなされます。探索などのアルゴリズム、知識体系、機械学習を主な手法として、特定の分野に強い「弱いAI」は実現し、性能を上げています。汎用的に考え行動する人間のような「強いAI」は、実現の見込みはまだ立っていません。

▶ 機械学習（Machine Learning）

機械学習は、人工知能の中の一手法です。言葉は、Arthur Samuel氏が1959年に生み出し、次のように定義しました。

> 明示的にプログラムしなくても、コンピュータに学習能力を与える研究分野

書籍『ベイズ推論による機械学習入門』（講談社）では、次のように定義されています。

> 機械学習とは、データに潜む規則や構造を抽出することにより、未知の現象に対する予測やそれに基づく判断を行うための計算技術の総称である。

「データ」には、表形式の数値データもあれば、画像、音声などのメディアもあります。それらを入力に、分類する、ある数値を予測する、あるいは生成するなどの出力を得るのが機械学習です。

▶ 深層学習(Deep Learning)

深層学習は、機械学習の中の一手法です。言葉は、Rina Detcher氏の1986年の論文が初出とされています。2000年代に入り多層のニューラルネットを指す言葉として普及し、2010年代に大量のデータ、計算機資源、アルゴリズムの革新により目覚ましい進歩がありました。

さて、まだ言葉だけではイメージが湧きにくいものです。本書はそれを動かし、体感します。まずはこの1つ目の地図を頭に、次へ進みましょう。

■「地図とコンパス」― 地図2：機械学習を学ぶ道筋

本書では、学びを進めるに当たり、次の点を適切なタイミングでレベルアップさせていき、機械学習・深層学習活用の「総合力」を身に付けます。

- 動機付けを持つ
- 情報を集める
- 手を動かす
- 理論を学ぶ
- 環境を整える

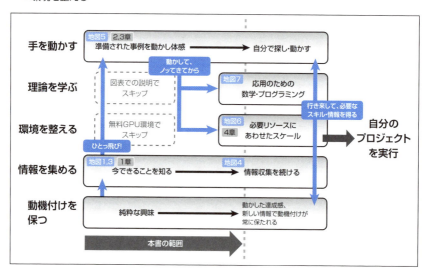

▶ 動機付けを持つ

『「Why/What/How」― 地図3：適用分野と手法』(p.16)を使いながら、鮮度の高い事例を分野横断で取り上げます。あなたのやりたいことに近いものが1つでもあり、ワクワクが高まったなら成功です。第3章で解説する実践に対応する事例があれば、すぐに動かしてみてもよいでしょう。章立ての順番に進め、お楽しみはあとにとっておいても構いません。

「このあと、学びを進める」「日々、情報収集をする」「エラーなどにへこたれずにやりきる」ためには、ここで培う「知りたい、やりたい、試してみたい」気持ちが何より重要です。ぜひ、大切にしてください。

▶ 情報を集める

移り変わりの早い機械学習・深層学習界隈では、本当に週や日の単位で情報が陳腐化することがあります。また、「知る・わかる」からすぐに「動かせる」わけでなく、そこの架け橋となる知識や情報が必要です。『「鳥の目、虫の目」― 地図4：情報収集法の使い分け』（p.19）では、本書で得た事例に終わらせず、読者の皆さんが、継続して最新情報を取り入れるための方法を紹介します。

▶ 手を動かす

その後、『「基本の繰り返し」― 地図5：機械学習活用の流れ』に沿って手を動かします。第2章の基礎で流れを何度か繰り返して体得し、「数値・表形式」「画像・映像」「自然言語」「音」のほか、各分野と「強化学習」「実アプリケーション」などの応用で、「さわる」「動かす」ものをふんだんに取り上げます。第2章を一通り終えたら、第3章は前から順番に進める必要はありません。好きなもの、興味を惹くものからつまみ食いしてください。

さて、本書で主に扱うのはここまでです。しかし、まだ旅は道半ば。今後も旅を続けるために、次の一歩とガイドも用意しています。

▶ 環境を整える

ローカルマシン、クラウド上のVMやコンテナ、それらに環境構築をする中で、エラーが解消せず数時間、数日が経過し、投げ出してしまう。これは機械学習だけでなく、新しい技術を習得するときよくあることでした。本書は、**基本無料・環境構築不要で進められるWeb上のリソースを使います**。タブレットやスマートフォンからさえ、試すことができます。

ですが、それだけでは足りないシーンが出てきます。

- より難しいこと、複雑なことに取り組みに当たり、どういった環境を用意すればよいか
- やりたいプロジェクトに合わせて、どんな方法があるか
- どのように直面したエラーを乗り越えていくか
- 他人のコードを引用して使う場合の権利問題などはどう解決するか

そうした**ステップアップのためのハードル2つ目を越えるためのアドバイスとTips**を準備しました。『「必要な道具と実装」― 地図6：システム、アーキテクチャと権利』（p.20）で取り上げます。

▶ 理論を学ぶ

本書では、あえて「理論」を最後に置いています。「用意されたデータセットやモデルを使う」うちはつまずきません。しかし、自分のニーズを満たすものが見つからず「自分で作る」とき、また「できたものの解釈」「効率的に改善をしていくための方策」に理論が必要になります。理論を学ぶには、言語としての数式、数学が必要になります。

参考となるリソースを『「で、数学は必要？」― 地図7：学習に必要な基礎や関連分野』（p.21）で取り上げます。

▮「Why/What/How」― 地図3：適用分野と手法

　自分のやりたいことや課題に適用するためにまず必要なのは、「実現可能なアイデア」の着想です。ですが、それは何の準備もなく、天から降ってくるものではありません。**「アイデアは、既存知と既存知の組合せから生まれる」**といわれます。**機械学習・深層学習における「既存知」**は、次の3つ、Why／What／Howで構成されます。

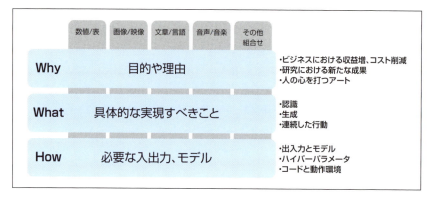

▶ 機械学習の"Why" ― 使う目的、理由

　機械学習は、「ビジネスにおける収益増・コスト削減」「研究における新たな成果」「人の心を打つアート」、その他、さまざまなシーンで活用されています。

● ビジネスにおける収益増・コスト削減

　実ビジネスの世界では、どれだけAI活用が進んでいるのでしょうか。2018年4月に戦略コンサルティングファーム・McKinseyが、19業界、400のAI事例を分析したレポート(https://www.mckinsey.com/featured-insights/artificial-intelligence/notes-from-the-ai-frontier-applications-and-value-of-deep-learning)を公開しました。

　レポートによると深層学習のビジネス活用も始まるものの、次のようであるとされています。

- 多くは線形重回帰分析など、昔からある方法
- 対象は保険、広告、製造などの限られた産業に留まる

　「すごいAIがきて、一気に産業が塗り変わる」わけではないが、適材適所、かつ試行錯誤をしながら、着実に産業適用が始まっている現状を表しています。

● 研究における新たな成果

　天文、物理実験などをはじめとして、機械学習を他の学術分野に適用する例も増えています。Kaggleというデータ分析のオンラインコンペティションでは次のようなお題が見られました。

- 医療における画像診断
- 大型望遠鏡(可視光赤外線望遠鏡)による天体の分類シミュレーション
- CERNの加速器で観測される陽子衝突の軌跡推定

● 人の心を打つアート

AIというと、人間にはできない正確無比、かつビジネス判断を行う冷徹な機械を想像するかもしれません。NIPS2017という機械学習の学会では**Machine Learning for Creativity and Design**(http://nips4creativity.com/)という、画像・音などの生成を通した機械学習のアート適用がテーマに取り上げられました。応募作品のギャラリーがオンライン公開されています。AIが生み出した絵画などが並び、完成度に驚きます。

また、一からは絵や曲を作り上げず、デザイナーやアーティストの創作活動を補完する機能を提供する試みもあります。Gene Kogan氏らによる**Machine Learning for Artists** (ml4a, http://ml4a.github.io/ml4a/)という活動も知られています。日用品がアートに化ける、**Learning to see: Gloomy Sunday**(https://vimeo.com/260612034)という映像も、深層学習を用いた実験です。

▶ 機械学習の"What" — できること

「機械学習のできること、できないこと」をつかみ、「実現可能なアイデア」を得るには、WhyとHowの中間に位置するWhatの例をたくさん知ることが大事です。

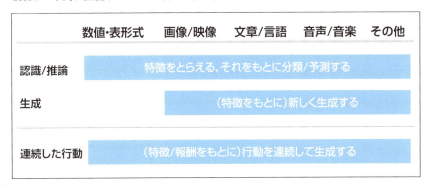

本書では、「適用分野」と「出力の種類」に分けて、What=「各事例」を見ていきます。各事例はデモ(にアクセス可能なURLなど)と「できること」の概要を中心に、分野横断で数多くを紹介します。

▶ 機械学習の"How" — 実現する方法とモデル

扱う課題と、それに適したモデルのレパートリーを増やすと、さまざまな課題を解くことができます。機械学習・深層学習のモデルは、数値形式のデータや、画像その他を入力にとり、何らかの役に立つ出力を出してくれる「箱」です。そして「箱」の中身は、たくさんの掛け算と足し算の集まり(計算グラフ)です。その「箱」を一から作るには、いろいろな数理、実験が必要です。また、その研究には数学や、大きなマシンパワーが必要です。ですが、いったん生み出された「箱」を使う、「箱」を微調整して他の分野へ適用するには、必ずしもすべての知識を必要としません。

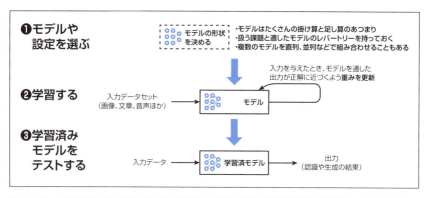

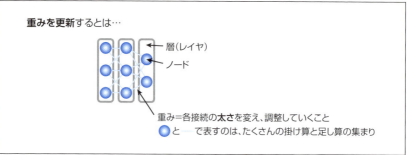

▶ いろいろな種類の「箱」

「箱」の種類ごとに、解くのが得意な課題があります。逆にいうと、世の中に解きたいいろいろな課題があるので、そのためにさまざまなモデルが進化しました。その例を挙げてみましょう。耳に挟んだ名前もあるかもしれません。

分野	代表的なモデル
数値系	線形回帰、RandomForest、SVM、最近ではGBDT実装（xgboost、LightGBM、catboost）がよく使われ、MLP/RNNもある
画像／映像系	Convolutional Neuralnets（CNN）のさまざまな変形
文章や音声	時系列を扱えるRecurrent Neuralnets（RNN）の変形+Attention
分野によらず生成	GAN、AutoEncoderの類型
強化学習	Deep Q Network、Rainbowほか

「箱」は直列、並列で組み合わせることもあります。実用には、**どんな課題にどの箱が合うのか、一般にどの程度（精度など）目的が叶えられるかを知ることが大事**です。そしてその箱たちは、まったく別々のものではありません。相互に似ていたり、部品を共有しています。また、さまざまなタスクで主に使うモデルの種類、構成、学習を安定して進めるための手法は、次々と更新されます。次で説明する情報収集を続けることも重要です。

▍「鳥の目、虫の目」— 地図4：情報収集法の使い分け

インプットとして「知る」「わかる」ためのWhy/ What/ Howと、あなた自身の「さわる」「できる」ためのWhy/ What/ Howの架け橋を作るのが、情報収集です。考えられる、さまざまな情報ソースを並べます。

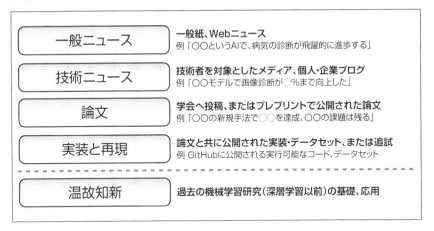

情報を集める上では、その抽象度のレイヤー構造を頭に置いて進めましょう。実際のニュースをもとに、各視点の具体例、それぞれを知ることで何ができるか。自身で継続して情報収集するにはどうしたらよいか。**第3章「もっと知ろう」最新の知見についていくためにでは、そうした「わかる」から「できる」への架け橋**を提供します。

▍「基本の繰り返し」— 地図5：機械学習活用の流れ

いよいよ「さわる」「できる」に入ります。

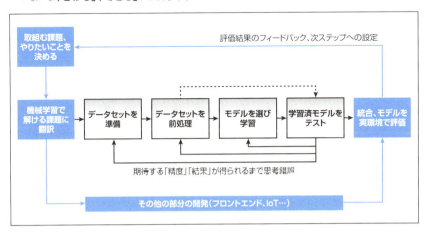

- SECTION-001 ■「知る・わかる」から「できる」へのロードマップ

表形式の数値、画像など、入力するデータの種類によらず、機械学習は一般に次のステップで進めます。

- 目的を明確にする
- 解くべき課題を具体化する
- 既存のサービスや手法が使えないか調べる
- データセットを準備する
- モデルを選び、条件を決める
- 学習、評価、チューニングを繰り返す

日々、アップデートされるサービスや手法を知り、「こんなことができるんだ!」という発見もあります。そこから、目的や解くべき課題が思い付くといった、必ずしもこの順番に沿わないこともあります。この順番に縛られる必要はありません。このプロセスをハンズオンの基礎編にあたる第2章、実践編にあたる第3章を通して、これから何十回、その後、何百回と繰り返し、体で理解を深めます。

■「必要な道具と実装」— 地図6:システム、アーキテクチャと権利

「機械学習活用の流れ」の下に、**その他の部分の開発(フロントエンド、IoT...)と統合、モデルを実環境で評価**という項目があります。ここはまだ、第2章、第3章では繰り返せない部分です。

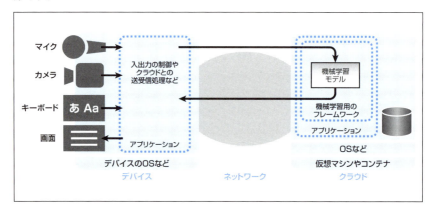

学習したモデルを使い、デモを行う、または継続してシステムとして稼働させるには、デバイス、ネットワーク、クラウド上のVM、コンテナやAPIなど、さまざまなものの組み合わせを設計し、セットアップ、運用することが必要です。「機械学習工学」という名前で、そうした応用面にスポットを当てた学会も立ち上がっています。

使うコンポーネントの視点では、次の3つがあります。

- デバイス
- ネットワーク
- クラウド

また、機械学習・深層学習フレームワークやライブラリとして、次の3つ（またはその他）のどれを使えばよいのか、という視点もあります。

- TensorFlow
- PyTorch
- Chainer

本書はTensorFlowを中心に扱います。2019年2月現在、TensorFlowは1.x系から2.0への移行期にあります。本書では、できる限り両系での使用を意識しました。

ライセンスの視点もあります。

- Apache License 2.0
- MIT

その他の違いはご存知でしょうか。実際にアプリケーションを作るとき、他のライブラリを使う、他人のコード例から引用することがあるでしょう。商用、非商用を問わず、ライセンスを確認し、認められた制約や権利の範囲内で活用しなければなりません。弁護士 柿沼太一氏による、『AI開発を円滑に進めるための契約・法務・知財』というスライド（https://www.slideshare.net/hironojumpei/ai-129527593）が注目を集めました。

プロトタイプ用途では、p5.js、ml5.jsをうまく活用することで、インタラクションまで含むアプリを作れます。第3章の167ページで取り上げます。

「で、数学は必要?」— 地図7：学習に必要な基礎や関連分野

実践的な機械学習を学ぶには、**数学、図表、コードを組み合わせ理解すること**が近道です。プログラミング、数式は前提知識が必要であるため、本書は前提が最も少ない図表からアプローチしました。ただし、はじめやすさの反面、曖昧さ・冗長さなどの短所があります。

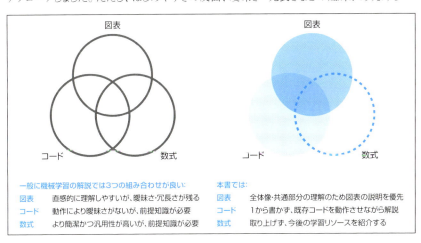

■ SECTION-001 ■ 「知る・わかる」から「できる」へのロードマップ

本書では図解とコードを使い、数式は使いません。しかし、本書を超えて数歩踏み出すため、一定以上の複雑な概念、つながりを表現するには、図解だけでは力不足です。また、動かすことに数学は必要ありませんが、発展・応用のためには数学がないと限界がきます。数学を理解すると、論文から、それを自らコードに実装し、編集しながら試行錯誤することができます。

▶ 図表

本書では、コードとそれに対応する図表を中心に解説します。

▶ コード

本書では動くコードの必要最小限の箇所を解説します。しかし、本書に登場しない概念やTipsは、体型的なプログラミングの解説やチュートリアルに取り組むのがよいでしょう。

- Pythonの基礎
    - プログラミングの基本
    - Pythonのことばを知っておく
- Pythonを使った数値計算、データ加工、可視化
    - scikit-learn、numpy、pandas、matplotlibなどのライブラリでできることを知っておく

▶ 数学

コードと図表で表されている内容は、数学の前提知識があると、より簡潔に表せます。そうすることで概念を積み上げることができます。それに鍵となるのは、次の分野です。

- 数学のことば
    - 圧縮した表現で効率よく概念を伝える
- 線形代数
    - 大量の数字の集まりを効率よく表現、操作する
- 解析学（微分）
    - 何かを最大化、最小化したい時に最適な解を見つける
- 数値計算
    - コンピュータを使って、効率的に計算する
- 確率・統計
    - 一意に決まらないことを確率を使い具体的に表現する

ここに取り上げた、プログラミングや数学の学習リソースは、49ページでも取り上げます。

数学、数式と聞くだけで避けてしまう、という方もいらっしゃるでしょう。私もその1人でした。ですが、1つ強調したいのは、「学校のカリキュラムで、テストに苦しめられた数学」とは異なり、**「ある目的のために自主的に学ぶ数学」はとても楽しいものだ**、ということです。本書で一通り「動かした」あと、そうした実用の礎にある「数学」を実感したとき、皆さんの見方が変わっているかもしれません。それが機械学習のみならず、みなさんの新たな可能性を拓くことになるならうれしいです。

まとめ

本節では7つの地図を取り上げました。これらの関係をまとめます。

- 地図1：AI・機械学習・深層学習の位置付け
  - それぞれの違いを理解する
- 地図2：機械学習を学ぶ道筋
  - 自分でプロジェクトを設定し、やりきるのに必要なこと
- 地図3：適用ドメインと手法
  - 代表的なドメインと、活用方法のWhy/ What/ Howを「わかる」
- 地図4：機械学習活用の流れ
  - どんな順番で、何をやるのか
- 地図5：情報収集法の使い分け
  - 「わかる」から「できる」のWhy/ What/ Howへの架け橋
- 地図6：必要なシステムとアーキテクチャ
  - 「できる」をレベルアップさせよう（人に見せる、サービスを提供する）
- 地図7：学習に必要な分野と関連分野
  - 「できる」の、Howを1つひとつ積み上げよう

これまで見てきた7つの地図は、互いに独立するものでも、順を追って進めるものでもありません。実際には、行ったり来たりを繰り返して、それぞれの理解を深めたり、知識の幅、経験、できることを広げていくものです。そして、この本を読み（動かし）終え、これらの「総合力」が身に付くと、自分のやりたいこと、課題に適用「できる」まで進むことができます。

最後にジェレミー＝ハワード（fast.ai）の言葉を紹介しましょう。

『子供に野球を教えるのに、ボールの縫い目のデザインからは教えない。フィールドに連れていったら「ボールを投げるから打って」「ほら、打ったら走るんだ。それが野球だよ」とやる。深層学習を学ぶときも、同じです。』

モチベーションに火をくべて試しながら、**山下り（トップダウン）式**で楽しく旅を進めましょう。

■ SECTION-001 ■ 「知る・わかる」から「できる」へのロードマップ

CHAPTER 01 機械学習・深層学習を学ぶための地図を持とう

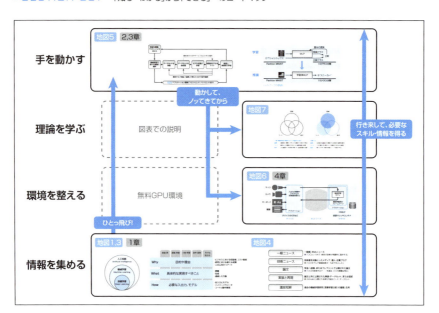

SECTION-002

さまざまな分野と最先端の事例

　本書の最終目的は、自分のやりたいこと・課題に機械学習を適用「できる」ようになることです。しかし、まずは「何ができる」「何に使えるのか」がわからないと、試してみたり、本を読み進める意欲が湧きません。それをつかむには、どうしたらよいでしょうか。WhyとHowの中間に位置するWhatの例をできるだけたくさん知ってみましょう。読者の皆さんそれぞれの理解の仕方で、共通点や制約などが見えてくるはずです。

　ここでは、次のそれぞれの事例を紹介します。
- 数値・表形式系
- 画像／映像系
- 文章／言語系
- 音声／音楽系
- その他の応用

さらに、それを次の3つのカテゴリに分けて、見ていきます。
- 認識／推論
- 生成
- 連続した行動

　これらは最新で2019年のものを含む、とれたてほやほやのものばかりです。事例のシャワーを浴びてみましょう。

	数値・表形式	画像/映像	文章/言語	音声/音楽	その他
認識/推論	特徴をとらえる、それをもとに分類/予測する				
生成		(特徴をもとに)新しく生成する			
連続した行動	(特徴/報酬をもとに)行動を連続して生成する				

■ SECTION-002 ■ さまざまな分野と最先端の事例

各分野の広がりと最新状況を知る

2019年2月に、最新状況を知る目的にドンピシャのWebサイトPapers With Code - Browse the State-of-the-Art in Machine Learning（https://paperswithcode.com/sota）が公開されました。機械学習研究において、それぞれのタスクの評価基準で現時点の最高スコアを持つチャンピオンを**SOTA**（State-of-the-art）と呼びます。このWebサイトは、さまざまなタスクにおけるSOTAを集めたカタログです。

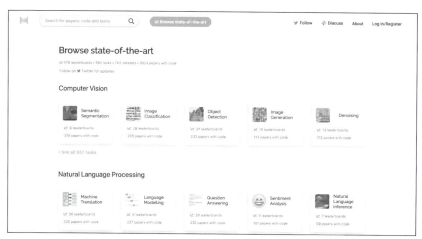

実装付きの1万本弱の論文、900超のタスク、500超のリーダーボード、700超のデータセットという、豊富な情報が集まっています。リーダーボードでは、各タスクにおいて、どの手法・論文が最も高い精度を誇るかを確認できます。この精度の結果、Why=何を目的に使うか、が重要であるのはいうまでもありません。また、精度だけではなく、推論速度、モデルのサイズなど他に考慮すべき点はあります。タスクの分類には重複もあり、改善が期待されます。しかし、現時点でこれほど網羅的に扱ったWebサイトは他にありません。今後「何か具体的にやりたいものがある」ときの参照先として使えるでしょう。

数値・表形式系 ― 推論: データから、対象を予測する

数値・表形式系のデータを使った分析や、機械学習の事例を見ていきましょう。

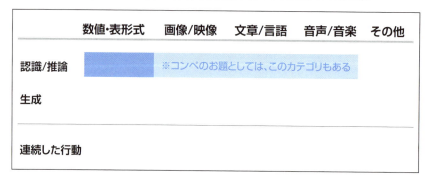

▶データ分析の浸透

　数理・統計的なデータ分析は、以前から学術研究、金融、保険業界では広く使われてきました。自然の事象を記述、モデリング、分析するための統計を扱う研究者。何かの損害や被害を統計的にモデリングし、リスクや不確実性を分析、評価する保険数理士。勘や経験に頼らず数理モデルを駆使して、市場動向や企業の業績などを分析・予測し、金融商品を開発したり、その売買益につなげるクオンツ。その後、2000年代後半から、インターネットに蓄積される膨大なデータとそれを用いたWebサイトやアプリケーションやデジタル広告の最適化を行う、ビッグデータやデータサイエンティストブームが生まれました。

● 賞金は1億円！　Netflix Prize

　2006年、Netflix社はオープンなデータ分析コンペ「Netflix Prize」を開催しました。ユーザーのレビュー傾向から映画を推薦する自社システムであるCinematchの精度向上を目的にしたものです。今でこそ、動画配信の雄として君臨するNetflixですが、この当時はまだ、オンラインDVDレンタルがその主なサービスでした。コンペの賞金は驚異の1億円。2009年、10％の精度向上をクリアするチームが現れてコンペは終了しました。参加者は延べ5万人を数え、Netflixの利益のみならず、広く推薦アルゴリズムの発展に寄与しました。

● Airbnbの事例とWebサービス/アプリ全体への浸透

　それから10年。ビッグデータやデータサイエンスの一部はバズワードとして消えましたが、実際の課題解決に寄与できるケースは産業に根付き始めました。2018年、KDDというデータマイニング・機械学習系の学会では、Airbnbの価格推薦モデルとその実装が話題となりました。日本語のブログ（https://honawork.hatenablog.com/entry/2018/08/24/181947）でもその内容が取り上げられています。

- ある物件の部屋の属性や残り日数などの特徴量を使い、予約確率を予測する
- その確率と短期トレンドから最適価格を推定する
- その後、部屋の貸主ごとのパーソナライズをする

　ブログ記事では、1点目と2点目のデータ分析のみならず、3点目のユーザー体験への配慮（推薦価格を必ずしも押し付けないなど）を含め、「データサイエンスのテクニックが凝縮された好例」と評されています。今日のWebサービスやスマートフォンアプリには、顧客体験の向上などを目的に、こうしたデータ収集、データ分析、フィードバックの仕組みが一般的に取り入れられるようになりました。

▶ コンペによる"オープン・データサイエンス"

以前は、どのようなデータにどのような手法を使うと効果を生むかは、データ分析を行う職場でないと触れられませんでした。たとえば、クオンツの世界では、金融商品から得る収益を左右する秘伝の"タレ"、アルゴリズムは一般には公開されません。

一方で、Webやアプリケーションにおけるデータ分析は主に、コンテンツそのものは差異化した上でサイトへの流入増を目的とします。そのための最適化技術は、オープンにして広く知見を集めた方がよいという考え方が主流です。また、画像や音声の認識技術の分野においても同様に、差異化できるビジネスモデルを持った上でデータセットを公開して知見を集めるコンペがあります。このような近年の競技データ分析ブームと適用対象の拡大で、個人でも一定の情報が得られるようになりました。

● KaggleとSIGNATE

継続的に開かれているデータ分析コンペとしては、世界的には**Kaggle**(https://www.kaggle.com/)、日本国内では**SIGNATE**(https://signate.jp/)が有名です。それぞれのコンペの開催回数は、Kaggleは300、SIGNATEは30をすでに超えています(2019年3月時点)。他にも、KDDやNeurIPSなどの学会と併催されるコンペや、単発での開催など、さまざまなコンペが世界で開催されています。

2010年に創立されたKaggleでは、コンペによっては1000万円超の賞金を狙い、数カ月の熱い戦いが繰り広げられます。Webサイトにはフォーラムやコードの公開場所があり、参加者同士で熱い議論が展開されます。参加者が情報を出したくなるようにインセンティブ設計されており、コンペ入賞だけでなく、フォーラムでの有用な情報提供や回答にもメダルが与えられます。また、コンペ終了後すぐ、上位入賞者や、惜しくも入賞に届かなかった参加者間で解法共有が始まります。そこでは、実データに対する、その時点のスペシャリストたちが手を尽くしたノウハウ、具体的なコードが得られます。**Kaggle Past Solutions**(http://ndres.me/kaggle-past-solutions/)には有志、コンペ横断で解法がまとめられています。その将来性から2017年3月にはGoogleに買収され、その後GoogleからKaggleコンペ向けコンピュートリソースが提供されるなど、事業協力が進んでいます。

インターネット広告の雄、オプトが運営するSIGNATEは、コンペ中および終了後のフォーラムはありませんが、2018年7月から過去コンペの上位入賞解法が順次公開になりました。こちらは日本語、日本企業のデータセットを中心にした課題設定です。身近に聞いたことのある商品やサービスをイメージしながら進められるため、その意味では始めやすいでしょう。

実社会やビジネスのデータを使ったコンペ、参加者、そのコミュニティが増えています。数値・表形式系では、過去に下記のようなコンペが開催されています。

- グルメサイトの予約予測
- 街コンサイト各ユーザーのイベント閲覧・参加予測
- スマートフォン広告の詐欺クリックの予測

▶ エンジニアリングの重要性

　数値・表形式系の事例は実績が多く、より大量のデータ適用、リアルタイム分析、定型作業の自動化、安定運用などエンジニアリングが重要になっています。次項以降の分野もその流れを追いかけています。

● 機械学習におけるエンジニアリング

　数値データの分析は何ができてどんなアクションが取れるか、広く理解され効果も出ています。数%の改善（ゲームの利用時間増、サイト滞在時間増、購入・入会などのコンバージョン増など）も、ユーザー数が数百万人単位になると大きな効果が上がります。そのため、モデルを生み出すだけでなく、エンジニアリングも重要です。たとえば、数百万、数千万、数億ユーザーを擁するWebサービスで、伝統的なロジスティック回帰モデルを用いて、準リアルタイムで回すための分散処理の仕組みを作り、ユーザー体験を保つ、コンバージョンを上げて、結果広告などによる収益を向上させる、などの話が聞かれます。必ずしも新しく複雑なモデルを使うことが正義ではなく、求める目的、効果を最短距離で提供する方法が良いという事例です。

● AutoML、MLaaS

　機械学習を全自動で行う、またはその一部のプロセスを自動化する**AutoML**（Automatic Machine Learning）が注目を集めています。学習フェーズにおける入力の前処理、モデルの選択、パラメータチューニングなどを自動化します。市井の製品としてはDataRobot、H2O AutoMLなどが知られます。Google Cloud Platform、Amazon Web Service、Microsoft Azure各社も、MLaaS（Machine Learning as a Service）に、AutoML系の機能を競って追加しています。

　MLaaSも最近、発展が著しいエリアです。数年前まで、機械学習を使ったアプリケーションを提供するには、クラウド上のサーバーなどのインフラから設計・構築・運用が必要でした。最新では、Jupyterなどのノートブック環境で必要最低限のコードさえ記述すれば、学習・推論のインフラ環境は、自動でセットアップし、稼働してくれるまでになっています。

▌▌▌ 画像／映像系 ― 認識: AIの目にうつるもの

　画像／映像系の事例を見ていきましょう。最初は認識です。

	数値・表形式	画像/映像	文章/言語	音声/音楽	その他
認識/推論		■			
生成					
連続した行動					

▶画像分類タスクの成り立ち

　画像/映像の認識とはどのようなものを指すのでしょうか。まず、インスタンスレベルとカテゴリレベルに大別されます。

● インスタンス（固有名詞）レベルの認識

　インスタンスレベルでは、それぞれの個体、固有名詞レベルで画像を認識します。人間の場合、「男性」や「女性」というレベルではなく、「太郎さん」「花子さん」といった個々人を認識します。商品だと、「ペットボトルのお茶」というレベルではなく、「A社の烏龍茶」「B社のジャスミン茶」というレベルで認識します。インスタンスレベルについては後述します。

● カテゴリ（一般名詞）レベルの認識

　カテゴリレベルでは、「犬」「猫」や少し細かくなると「犬種」といった一般名詞レベルでの認識を行います。1つのものが写った画像から、複数のものが写った画像、と右へ行くほど課題は難しくなります。2010年代のAIブームの興りの1つに参照される、**ImageNet LSVRC 2012**での深層学習の躍進（http://www.image-net.org/challenges/LSVRC/2012/results.html）は、この一番左の「1つのモノの名前当て」タスクにおけるものでした。

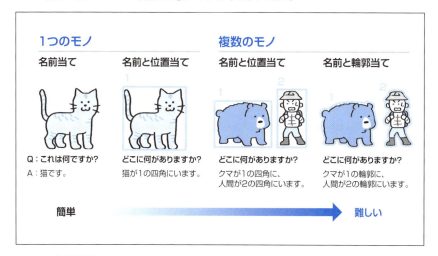

▶いま、物体認識はここまでできる

　そこから7年。時は流れ、できることとその精度は飛躍的に良くなりました。「複数のモノ」「名前と位置、もしくは輪郭当て」を行った動画（https://www.youtube.com/watch?v=s8Ui_kV9dhw）があります。

■ SECTION-002 ■ さまざまな分野と最先端の事例

YOLOv2 vs YOLOv3 vs Mask RCNN vs Deeplab Xception

　自動車のオンボードカメラ映像を、驚くほど正確に、路面、人、標識、障害物に塗り分けている、つまり、それぞれの領域を識別しています。こうした物体認識は、たとえば、自動運転にとっては必須の基礎技術です。ここでは4つのモデル（**YOLOv3、MaskRCNNほか**）の認識精度を比べています。それぞれ四角（bounding box）や、塗り分けられたエリアは、「くるま」「道路」「建物」「標識」などを指します。自動運転への応用を考えると、こうした「自身が置かれた状況を把握するための目」が重要です。

　医療への応用も研究されています。たとえば、X線やCTなどの画像診断では、腫瘍や病変などを見つけるモデルが研究されています。特定の疾患では、人間の診断精度を超える例も見られています。早晩、医師の補助として実用化されることでしょう。

▶ 用途を特化した認識の応用

　「輪郭当て」からさらに一歩進み、対象物に特化した状況や特徴を抽出するモデルがあります。

　その1つに「人間のポーズ」を推定する**PoseNet**があります。そのポーズ推定を使い、**MOVE MIRROR**（https://experiments.withgoogle.com/collection/ai/move-mirror/view）というアプリが楽しめます。Webカメラの前でとったものと似たポーズを、8万枚の写真から選び表示してくれるものです。

このアプリは、TensorFlow.jsというブラウザ上の実行環境とWebカメラのみで実行しています。GPUを積んだ専用サーバーを必要としない、2010年代後半に研究が進む軽量化やさまざまな端末での実行、そのためのライブラリ拡充が活かされた一例でもあります。

CVPR2018で発表された**DensePose**（http://densepose.org/）は、さらに2Dの映像から、人間の3D表面モデルを抽出します。また、体全体のポーズだけでなく、顔の特徴抽出、人物の特徴抽出の上の再照合、手のポーズ抽出など、課題に合わせて、さまざまなタスクが提案され、解かれています。

▶ **インスタンスレベル（特定物体認識）**

ここまでカテゴリレベル（猫、犬などの一般名詞）での識別、分類するものを見てきました。現実世界では、固有名詞を持つモノ（東京タワー、エッフェル塔など）の識別もあります。類似画像検索や、顔写真からの人の特定もその1つです。こうしたタスクにおいても、**SIFT**（Scale-Invariant Feature Transform）などのルールベースの特徴抽出手法から、CNNベースでデータから学習した特徴抽出手法が提案されてきました。その1つが**DELF**（DEep Local Features）です。第3章の115ページで実際に試してみます。

特定物体認識では、画像の局所特徴量を使います。特徴量同士の対応が多ければ多いほど、2つの画像が似ているということになります。2018年5月までKaggleで開催された**Landmark Recognition Challenge**（https://www.kaggle.com/c/landmark-recognition-challenge/）はその一例です。数万枚の写真から、1万もの名所旧跡を検出、分類するものでした。

画像／映像系 — 生成: AIの描き出すもの

続けて、画像／映像系の生成事例を見ていきましょう。

▶ GANの登場

先述のImageNet LSVRC 2012から2年、2014年6月にIan Goodfellow氏が**GAN**（敵対的生成ネットワーク、Generative Adversarial Network）を発表しました。これは、画像を含むさまざまなものを「生成できる」モデルです。CNNを機械学習へ応用し、深層学習界の大御所であるYan LeCun氏をして、「GANはこの10年で最も面白いアイデアだ」と言わしめました。

発表当初は学習が安定せず、画像は低解像度で粗も目立つものでした。その後、数年で学習の安定化、画像の高精細化のための手法が生み出され、驚くべき進化を遂げています。ここから、そうした生成の最前線を見ていきます。

GANは、ホビーやアートプロジェクトとしての直感的なわかりやすさを持っています。新しい手法が発表されるごとに、個人から研究レベルまで、さまざまなデータセットへ適用した例や、各フレームワークでの実装が発表されます。

Progressive Growing GAN（https://www.youtube.com/watch?v=XOxxPcy5Gr4）は2017年10月に発表、画像の滑らかさ、高解像度で目を惹きました。

「ラーメン二郎」という熱狂的な固定ファンを持つラーメン屋があります。店舗ごとに微妙にアレンジが違うらしく、それを同じくProgressive Growing GANで生成し、つなげた動画（https://www.youtube.com/watch?v=Rnj2RLycHA4）があります。ラーメンのみならず、アニメキャラクター（https://www.youtube.com/watch?v=AXAouosx95Y）や、アイドル顔写真の自動生成（https://datagrid.co.jp/news/33/）まで行われています。

より高精細な生成で話題を集めたのが、2018年10月に発表された**BigGAN**（https://medium.com/syncedreview/biggan-a-new-state-of-the-art-in-image-synthesis-cf2ec5694024）です。

Figure 6: Additional samples generated by our model at 512×512 resolution.

512x512のサイズのこれらの画像は、すべてBigGANにより生成されたものです。第3章では、これを実際に動かしてみます。

▶ クリエイティブプロセスへの活用

漫画家や、アニメータのハードワーク環境がしばしば取り上げられます。また「AIが仕事を奪う」というフレーズも、しばしば聞くようになりました。奪い、奪われるではなく共生として、「AIと人の共同作業」が模索されています。GANにより、解かれる現実の課題の例を挙げました。

補完対象	元データと補完後データ
着色	モノクロ写真 → 着色されたカラー写真
着色	線画 → 着色された絵
ペン入れ	ラフスケッチ → 線画
欠損部位	一部が欠損した写真 → 完全な写真
中間フレーム	キーフレーム → フレーム間を埋めた滑らかな映像
解像度	粗い画像 → 高精細な画像
テクスチャ	線画 → 実写風の絵

シモセラ=エドガー氏による研究は、ラフスケッチから線画を自動作成します（https://github.com/bobbens/sketch_simplification）。

PFN@tai2an氏のサイドプロジェクトから始まり、2017年1月発表のあと、機能や美しさに磨きをかける**PaintsChainer**（https://paintschainer.preferred.tech/）は、線画を与えると自動着色してくれます。完全自動に任せるのではなく、領域ごとに、色のガイドを与えることもできます。

発展させると、静止した漫画風の絵だけでなく映画への着色もできます。SIGGRAPH 2016論文のモデルを「ローマの休日」に適用した動画（https://www.youtube.com/watch?v=KatrQr8pSmY）があります。自然な着色がされていますが、よく見ると、同じ衣服のはずが場面により色が変わってしまっているもの、色の判断がつかず、ねずみ色に近い着色となっているものがあります。デモとしてのインパクトは十分ですが、たとえば昔の映像を、時代考証に基づき着色する場合には適用できません。

そうした課題に目を付けたRidge-i社は、NHKの「映像の世紀」を映像着色AIで支援（https://japan.cnet.com/article/35121159/）しました。こちらは完全自動での着色はせず、キーフレームでの色指定は人が行い、キーフレーム間の映像は機械学習による生成で着色する、という人と協働するAIです。

SuperSloMo（2017年11月、https://www.youtube.com/watch?v=MjViy6kyiqs）は、キーフレームの間を補間し、フレームレートを上げ、超スローモーション映像をあとから作ることができます。画像や映像のアップサンプリング（高解像度化）を行うこともできます。**SRGAN**（2016年9月、https://www.youtube.com/watch?v=8OY8HFGsbKM）のデモでは、左が元映像、右が生成された高解像度映像と並べて違いを確認することができます。輪郭などにシャープネスフィルタなどをかけただけではない、テクスチャの生成が見られます。

■ 画像／映像系 — 認識と生成の間

画像／映像系の認識、生成事例を見てきました。画像生成の品質が上がり、ものによっては人が見分けられないレベルに達しつつあります。捏造を見分ける、解釈性を高める、人種・性差別などのバイアスを取り除くなどの取り組みにも光が当たっています。

	数値・表形式	画像/映像	文章/言語	音声/音楽	その他
認識/推論		✗			
生成		✗			
連続した行動					

▶GANの発展とDeepfake騒動

　前項での解像度向上や、さまざまなタスク適用の裏にはGANの進化があります。1種類の画像群を学習し、それらしい画像を生成でき、その品質が良くなるだけではありません。**pix2pix**（2016月11月）は、あらかじめペアを決めた画像群を与えると、その2つの画像の間のルールを学習し、画像変換ができます。たとえば、東京の昼の風景と夜景、博多の昼の風景と夜景……、それらをペアで与えていくと、仙台の昼の風景を与えて、夜景を生成できるといった具合です。しかし、このようペアを作るという準備作業がネックでした。**CycleGAN**（2017年3月）はそれが解決し、画像群を2つ与えれば、その間の対応関係は自動で学習します。学習に大量の男性の顔写真、女性の顔写真を与えるだけで、男性を入力に女性風にアレンジした画像が出力されます。

　CycleGANによる"フェイスオフ"（ある人の動画を、完全に別の人の顔で置き換える）には驚かされます。YouTubeで「CycleGAN faceoff」と検索すると、いくつかの事例（https://www.youtube.com/watch?v=Fea4kZq0oFQ）を見ることができます。2018年1月、匿名の開発者が**FakeApp**という誰でも簡単に動画で「フェイスオフ」が試せるWindowsアプリをRedditで発表しました。これがたちまち流行し、DeepFakeというインターネットミームを産みました。一般の人により次々と作られた「映画の改ざん」「動画版のアイコラ」が、将来的に政治やポルノに悪用されるのでは、と問題視されました。FakeAppは2月にはReddit上で禁止され、その騒ぎはNew York Timesに記事（https://www.nytimes.com/2018/03/04/technology/fake-videos-deepfakes.html）として取り上げられたほどです。

　CycleGANを、さらにターゲットの顔の表情や動きを他人の演じるもので置き換えることに特化した、**Deep Video Portraits**（https://www.youtube.com/watch?v=qc5P2bvfl44）がSIGGRAPH2018で発表されました。

これは、すでに述べた肖像権などに留まらない怖さをはらみます。たとえば、重要な選挙期間中に、対立候補を貶めるために映像をでっち上げSNSに放流するとしましょう。そうすれば、その事実検証とは別に、一定のネガティブインパクトを与えることができるでしょう。ただ、それを見破る研究もあります。映像が人工的に書き換えられた疑いのある部分を抽出するFaceForensics（https://www.youtube.com/watch?v=Tle7YaPkO_k）です。フォレンジックスとは、犯罪捜査における鑑識を指す言葉です。今後、このような高精細な画像を生成するモデルと、その不正を見張るモデルの争いは続くでしょう。

▶ 社会実装の課題：解釈可能性・バイアス

ここまでは、いかに人間から自然に見える画像・映像を生成するかというテーマでした。次に、人間には普通に見えるが機械学習モデルは騙される巧妙な罠、Adversarial Examplesを取り上げます。

まずここに「猫」画像があるとします。薄く特定のノイズをかけてやると、人間の目にはまだ「猫」にしか見えないのに、機械学習による画像分類を誤らせ、たとえば「犬」と勘違いさせるというものです。対象が「パンダ」や「ヘビ」ならかわいいものですが、交通標識や信号を見誤らせるものだとしたら、人命に関わる大問題につながりかねません。

本格的な社会実装には、こうしたエラーにどう対処するかが重要です。NIPS2017、2018ではAdversarial Examplesに関するコンペが併催されています（https://nips.cc/Conferences/2017/CompetitionTrack; https://nips.cc/Conferences/2018/CompetitionTrack）。コンペに参加したPFN社のブログポスト（https://research.preferred.jp/2018/04/nips17-adversarial-learning-competition/）から、雰囲気をうかがえます。

機械学習モデルをビジネスに適用する現場では、ブラックボックスで精度を上げるのか、ある程度の説明性を重視して精度を犠牲にするのか、という判断に迫られることがあります。

社会実装が進もうとする今、機械学習の判断論拠を見える化する営みが注目を集めています。

● モデルの判断根拠とバイアス

　機械学習、特に深層学習では認識や予測精度のブレークスルーが語られます。しかし、いまだ「どのようにその予測結果に至ったか」という判断根拠の説明は容易ではありません。もちろん、全分野で根拠の説明が必要なわけではありません。ただ、医療画像から病気の有無を判定する、クレジットカードの信用スコアを判定する例だとどうでしょうか。根拠を納得できなければ、高い精度を誇るモデルが得られても導入は困難です。判断を活用するのが人間で、その判断により人の経済活動や命が脅かされます。その説明責任が事業者側に求められ、それがビジネス上の信頼、場合によっては訴訟などのリスクに直結するからです。

　2016年以降、モデルの解釈性の論文が増えています。まだ万能な説明方法はありませんが、適用課題ごとに、次のようなその手法が提案されています。

- 入力データのどの特徴が判断に重要か
- 学習時のどのデータが最も作用したか
- 判断根拠を自然言語の説明で記述する

　2019年3月、OpenAI、Google AIがActivation Atlasを発表しました（https://github.com/tensorflow/lucid）。画像認識のモデルが、どのようなパターンを「記憶」し、何を根拠に分類しているかが可視化されます。

　モデルの認識や予測結果が、特定のジェンダーや人種に有利・不利な結果となる例もしばしば論じられます。リリース済みの学習済みモデルやデータセットは、白人男性を教師データに扱ったものが多いなどのバイアスが指摘されています。Google Photoの画像認識APIで、黒人の男女がゴリラと判定される例があり、物議を醸しました。雇用を判定するAIが、全般的に女性に不利であるという研究発表もありました。

　判断根拠の提示、バイアスの排除の研究の今後が期待されます。

▍文章／言語系 ― 言葉を操るAI

　コンピュータのプログラミング言語と対比して、人間がコミュニケーションに用いる言語を「自然言語」と呼びます。そうした文章／言語系を扱う事例を見ていきましょう。

	数値・表形式	画像/映像	文章/言語	音声/音楽	その他
認識/推論			■		
生成			■		
連続した行動					

▶ 文章／言語を扱う

　WebやSNSの普及でテキストデータが爆発的に増えた2000年代以降、テキストマイニングが注目を集めました。従来のルールベースや統計的手法から、2010年代半ばに深層学習の適用が始まり、2018年からは新しいネットワーク構造、より大量のデータセット、計算機資源で学習された言語モデルが登場しました。

　まず、文章／言語系の代表的なタスク、テキスト分類、機械翻訳、要約、対話、知識抽出、文章生成等を適用例とともに見ていきましょう。その後、最新の動きを取り上げます。

● 分類

　2012年ごろから、グノシー、スマートニュースなど、複数のキュレーションニュースサービスが出てきました。これらは、テキストの分類、タグ付け、ユーザーへの推薦などの機械学習を組み合わせ、個々人の興味に合わせたニュースを自動的に選び出してくれます。テキストの分類は、教師あり学習として与えるラベルにより、ユーザの属性推定、感情推定など、さまざまに応用できます。第3章では、文章の感情分類、話題の類似度判定を実際に試してみます。

● 機械翻訳

　Google翻訳（https://translate.google.co.jp/）は、2016年12月に従来の統計的機械翻訳から深層学習を使った機械翻訳に転換しました。大きな性能向上や自然な翻訳が話題となり、その後も継続的に改善されています。我々が今、追いかけている、英語で発信された機械学習の最新情報を取り入れるにも、ユーザーとしてなくてはならないツールです。こちらも後の章で取り上げます。

● 要約

　「長い文書などを自動でまとめ、要点だけ教えてくれる」AIがあったらなぁ。たとえば、機械学習の情報を追うにあたっても、全文を読まずにキャッチアップできたら効率的ですよね。しかし、そうした文章の要約は、まだ難易度の高いタスクです。文章を加工せず重要文を抽出する**抽出型要約**、言い換えも含めて文を再構築する**生成型要約**、2つの方法があります。前者の重要文抽出は2000年代から代表的な手法があり、一定の成果を挙げています。後者はまだ発展途上で、ニューラル機械翻訳で実績あるモデル、強化学習の適用などが試されています。

● 対話

　話題性では、Microsoftの**Twitterボット Tay**と**女子高生AI りんな**（https://www.rinna.jp）が挙げられます。2016年公開のTayは、Twitterで話しかけられ成長するという触れ込みでした。しかし、差別的発言を繰り返すようになり、公開後16時間で停止しました。Tayはモデルに忠実に振る舞ったのですが、教え込まれた発言にバイアスがあったのです。一方、2015年公開のりんなは、歌を歌うなどの展開からエンタメコンテンツとして一定の成功を収めています。ビジネス活用では、FAQや予約の応対を行う会話ボットが広まっています。定型の応対はボットで行い、難しい対応になったら人での対応に切り替える、人とAIハイブリッドでの協調策が取られています。

● 知識抽出

　知識抽出の1つのベンチマークがクイズです。2011年にIBM社の**Watson**がクイズ番組「Jeopardy!」で最高金額を獲得し話題となりました。このころは、まだ深層学習の自然言語処理への適用前夜です。NIPS 2017ではクイズ王者と対決コンペが開催されました。優勝チームは日本企業で、「http://www.ousia.jp/ja/page/ja/2017/12/14/nips/」にコンペの模様や、深層学習を活用したモデルの詳細が解説されています。

● 文章生成

　2016年の第3回「星新一賞」ではAI作家が登場しました。小説風の文章を自動生成し、それを文学賞に投稿したのです。**「コンピュータが小説を書く日」**の紹介Webページ（http://kotoba.nuee.nagoya-u.ac.jp/sc/gw2015/）にて、実際にその生成を追体験することができます。第3章でも文章生成を取り上げます。

　さて、これらは従来からタスクとしたは存在しました。ただ、別々のデータセット、別々の学習手法で取り組まれていました。その状況が今、大きく変わろうとしています。

▶ 自然言語処理"ImageNet時代"へ

　画像／映像系の分野に少し遅れ、2018年から大きな進展が見られました。その1つに**ELMo、BERT、ERNIE**という**「セサミストリート三兄弟」**があります。それぞれ、Allen Institute、Google社、Baidu社が発表したモデルの名前です。エルモを筆頭に同番組のキャラクターにちなんだ名付けです。

　BERTは、ELMoの成果などをもとに、Transformer構造を応用し、大量のデータセットで言語モデルを学習させ、さまざまなタスクの性能を大幅に更新しました。言語モデルとは何でしょうか。簡単にいうと文章の穴埋め問題です。1つの単語を隠し、前後の文章からそれを当てる問題を大量に解き、モデルが学習されます。この学習では、インターネット上などに大量に存在する生の文章群から学習できます。その後、タスクに合わせた比較的少量のデータセットで追加の学習を行います。

　BERTの登場で、転移学習の1つ**ドメイン適応**（Domain adaptation）の研究が進みました。ドメイン適応では、あるタスクで学習をしたモデルを、他のデータが十分にないタスクに転用します。タスク個別の学習ではなく、学習済みモデルを一定の範囲で汎用的に使うことを狙っています。2019年1月にMicrosoftが発表した**MT-DNNとマルチタスク学習**の論文（https://arxiv.org/pdf/1901.11504.pdf）ではBERTの改良版をタスク共通部分に使い、10もの自然言語処理タスクでSOTAを更新しました。画像認識でも、公開されたImageNet学習済みモデルと転移学習が、さまざまな普及へのきっかけとなりました。その時代が自然言語処理にも訪れようとしています。

2019年2月にOpenAIが**GPT-2**（https://openai.com/blog/better-language-models/）を発表しました。次のニュースをご覧ください（原文は英語。筆者が日本語に翻訳）。

規制核物質を運搬する列車は今日シンシナティで盗まれ、その所在は不明

事件はコヴィントン駅とアッシュランド駅から走るダウンタウンの路線で発生した。オハイオ州の報道機関への電子メールで、米国エネルギー省は連邦鉄道局と協力し犯人を捜索中であると述べた。

「この核物質の盗難は、公衆衛生および環境衛生、私たちの労働力、そして私たちの国の経済に重大な悪影響を及ぼすでしょう」と、米国エネルギー長官のトム・ヒックスは声明を出した。「私たちの最優先事項は犯人の確保と、こうした事件が二度と起こらないようにすることです。」

学科関係者からの発表によると、盗まれた資料はシンシナティ大学のResearch Triangle Park核研究サイトから取られた。原子力規制委員会は直ちに情報を公表しなかった。発表によると、米国エネルギー省の核物質安全保障局がそのチームでの調査を先導しているという。「人々の安全、環境、そして国の核備蓄は、私たちの最優先事項です」とヒックス氏は言う。「私たちはこれを理解し、言い訳をしません。」

　実はこの文章、冒頭の「規制核物質を運搬する列車は今日シンシナティで盗まれ、その所在は不明」という箇所が与えられ、あとはGPT-2モデルが自動で生成しました。驚くほど自然に架空のニュースが生成されています。Webでは他の例も読むことができます。
　GPT-2の軽量版は公開されましたが、15億のパラメータを持ち、800万ものWebページで学習した元モデルはすぐに公開されませんでした。悪用を防ぐため、一定の議論のうえで公開を判断するようです。これほどの性能を見ると、フェイクニュースやアフィリエイトページの量産などの使用も想像できます。今後は、真贋を見極めるモデルとのいたちごっこが生まれそうです。
　2019年3月に中国のBaidu社が発表したERNIEは、BERTなどのように単語やサブワードベースではなく、文字ベースで学習されています。日本語への親和性も期待されます。

音声／音楽系 — AIが聴き・話し・演奏するもの

前項では、書かれた文章を取り上げました。では、声でのコミュニケーションはどうでしょうか。人が発した言葉を聞き取る、人の代わりに声を合成するなどがあります。他にも世界は音で溢れています。音楽にさえ機械学習は適用されています。そんな音を扱う事例を見ていきましょう。

	数値・表形式	画像/映像	文章/言語	音声/音楽	その他
認識/推論				■	
生成				■	
連続した行動					

▶ 音声／音楽を扱う

音声／音楽系は、音楽、純粋な音、人の喋り声など自然言語とのクロスモーダル領域などがあります。また、扱うものは主に2つに分かれます。波形を直接、扱うもの、譜面のような系列データを扱うものです。前者は画像/映像を扱うモデルに近く、後者は文章／言語を扱うモデルに近いものを使います。

▶ 自然言語処理と隣り合う音声認識

SiriやGoogle Assistantなどの音声エージェント、Alexa、Google Homeなどのスマートスピーカも一般的になり、家電への搭載も始まったことで、「機械に音声で指示をする」光景が当たり前となりました。その裏側には、深層学習の適用による音声認識精度の向上と、自然な音声合成があります。

音声認識、音声合成とも、文章／言語系との隣接領域です。たとえば、音声認識のパイプラインには、発声を認識したあと、それが「文脈に沿った自然な文章であるか」といった自然言語処理が含まれるからです。特徴量を含めて、End-to-Endで学習する深層学習の認識モデルが精度を上げました。

また、スマートスピーカの観点で音声合成をするときは、あらかじめ決められた音声だけでなく、発声をするための文章から合成するケースも考えられます。次節で発声から歌唱までを見ていきましょう。

▶ 自然な発声：発話から歌唱

文章をもとに、その発話音声を合成することをText-to-speechといいます。基本はテキストを最初の入力とし、音響モデルを介して、ボコーダを使い音声を合成する、という流れです。

DeepMindは2016年9月に**WaveNet**を発表しました。その後、さまざまな改善手法が提案され、Google Assistantの発話合成に採用されています。**Tacotron2**は、文字からスペクトログラムを出力し、それをWaveNetに入力し、合成音声を得ます。自然に聞こえる発話合成には、前後関係や揺らぎなどの「特徴」をうまく捉え、音を生成する必要があります。そうした統計的な音声合成のころからの課題は、TacotronとWaveNetの組み合わせでほぼ解かれたともいわれます。それらを要素技術として、2018年5月のGoogle I/Oでは、**Duplex**という驚くほど自然にレストランなどの予約を行うデモ（https://jp.techcrunch.com/2018/06/28/2018-06-27-a-closer-look-at-google-duplex/）への応用が発表されました。WaveNetなどの要素技術は、学習や推論の並列化、高速化手法が次々と提案されています。

歌唱は発話合成の発展系といえるでしょう。2007-8年ごろから初音ミクなどのVOCALOIDが一世を風靡しました。そのころは統計的手法の音声合成が使われていました。当時のボカロP（ボーカロイドを使って創作活動をする人）から、米津玄師などのアーティストが生まれており、表現技法の制約を転じ、人の想像力がシーンを作り出すこともあります。それから10年、2017年4月プレプリント掲載の**A Neural Parametric Singing Synthesizer**（http://www.dtic.upf.edu/~mblaauw/NPSS/）は、深層学習を用いたより自然な歌声合成です。デモ音声には日本語の歌があり、「ふるさと」や「ハナミズキ」を聴くことができます。学校の音楽の授業のような真面目な歌い上げですが、自然なビブラートや共鳴に、口の開け閉めまで目に浮かんできますね。

▶ 音楽を奏でる

2018年5月に発表された**Universal Music Translation Network**（https://www.youtube.com/watch?v=vdxCqNWTpUs）は、WaveNet Autoencoderを使って音楽のスタイル変換を実現します。ぜひYouTubeのデモを聴いてみてください。ハイドンの弦楽四重奏が、同じ旋律のままモーツァルトの交響曲風、バッハのカンタータ風、同じくバッハのパイプオルガン曲風、ベートーベンのピアノ曲風、と次々に自然にスタイルを変えていくことに驚かされます。

音楽系は、Googleのプロジェクトの1つである**Magenta**（https://magenta.tensorflow.org/）に興味深いデモがあります。既存のたくさんの楽器音を学習し、まだ見ぬ音を合成するNSynth。譜面の系列データから学習し、人間のプレイに応答して即興演奏のフレーズを奏でるA.I.Duet。ピアニストのような強弱、タイミングを付けた表情ある演奏とともに、ピアノ曲を生み出すPerformanceRNN。ピアノ曲を聞かせただけで、譜面を生成してくれるPiano Transcription。これらはすべてMagentaプロジェクトから生まれたものです。こうしたもののうち、Web上でインタラクティブに試せるデモは、**Google の AI Experiments**（https://experiments.withgoogle.com/collection/ai）で見ることができます。第3章では、この一部を実際に動かしてみます。

音楽情報処理に特化した国際学会**ISMIR 2018**（http://ismir2018.ircam.fr/）は、9月23-27日にパリで開催されました。今年から模様がYouTube中継、およびアーカイブされています。中でも**Interactive Machine-Learning for Music (IML4M) Exhibition**（https://www.youtube.com/watch?v=Nc6cSXgJzgs）は、楽しいデモがたくさんあります（0:00-18:00あたり）。

GitHubにはawesome-*という名前で、さまざまな「まとめサイト」が作られています。中でもYann Bayle氏が公開する**awesome-deep-learning-music**(https://github.com/ybayle/awesome-deep-learning-music)は、深層学習の音楽適用をまとめたものです。紹介されている論文は1988年から最近のものまで、なんと150超。機械学習と音楽の歴史を知ることができます。

▶ さまざまな音を操るAI

MIT CSAILの**Sound of Pixels**(http://sound-of-pixels.csail.mit.edu/)は、音楽を演奏するムービーから、特定の音源が発する音だけを分離します。このWebページ上の映像の、それぞれの楽器をクリックしてみると、その楽器音だけが聞こえます。

よりアプリケーション寄りですが、CMU Future Interface Groupは、屋内環境の検知を研究しています。ヒューマンインタフェース系学会であるACM CHI2017で発表された**Synthetic sensors**(http://www.gierad.com/projects/supersensor/)は、部屋に散りばめた小さなマイク付きデバイスと深層学習により、どこまで生活のコンテキストを捉えられるかという挑戦でした。

グラフを扱う

数値・表形式、画像／映像、文章／言語、音声／音楽のデータを扱う事例を紹介してきました。しかし、世の中にはそれ以外のデータ表現もあります。その1つがグラフです。xy平面にプロットする二次関数などのグラフとは異なります。ここでいうグラフは、ノードという点、エッジというノードを繋ぐ線から構成される次のようなデータ表現です。

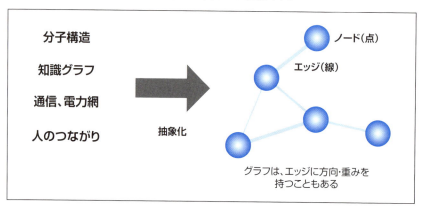

たとえば、ノードが原子なら薬品の化学構造を、単語なら知識のつながりを、装置なら通信やインフラの供給網構造、人ならSNSなどでのつながりを表現できます。幅広い分野が、同じ表現で抽象化して表されるのです。従来より、グラフの分析やグラフからの情報抽出として、グラフマイニングなどと呼ばれる分野があります。さらに近年深層学習手法の適用も始まっています。一例に、グラフ構造へ適用するGraph Convolutional Networkがあります。2018年末には複数のレビュー論文（分野の動きを取りまとめ、概観するもの）が発表されました。論文が増えつつある分野で、発展に注目です。

その他の領域

画像／映像では視覚、音声／音楽では聴覚を扱いました。しかし、人間の五感はほかにもあります。触覚を扱うTactGAN（https://shiropen.com/seamless/tactgan）は、テクスチャの画像から振動のパターンをGANで生成し、実在の素材だけでなく仮想の素材の手触りをシミュレートする研究です。脳の中を可視化する、つまり脳活動を入力に、被験者が見ている映像を出力するという驚きの例（https://www.youtube.com/watch?v=jsp1KaM-avU）もあります。近年、fMRIイメージングの解像度が飛躍的に増しており、NICTはそれを使った研究を進めています。

2次元の画像は扱いましたが、まだ3次元の立体やその動きには触れていません。3次元を扱うデータにはいろいろありますが、ポリゴン、ボクセル、点群など、さまざまなケースでの適用事例があります。Yuxuan Zhang氏は、そうしたデータごとの事例を3D Machine Learning（https://github.com/timzhang642/3D-Machine-Learning）というリポジトリにまとめています。さらに、3次元の物体に3次元の動きも組み合わせた、**6次元物体検出**を行う研究もあります（https://www.youtube.com/watch?v=jgb2eNNlPq4）。

深層学習は、もはや基礎研究や一部分野での適用にとどまらず、従来の各研究分野が、手法としての深層学習を取り込み、発展させ始めているのが感じ取れたでしょうか。

強化学習：行動を学ぶAI

認識、生成といった枠組みを超えて、行動を学ぶ強化学習という分野があります。事例を見ていきましょう。

	数値・表形式	画像/映像	文章/言語	音声/音楽	その他
認識/推論					
生成					
連続した行動	■	■	■	■	■

▶ 認識、生成タスクと強化学習の違い

強化学習は、「ある環境」下で「エージェント」が「ベストな行動をとり続ける」方法を学習します。自動運転なら車のドライバー、ゲームならそのプレイヤーなどの行動主体がエージェントです。自動運転なら事故を起こさない安全運転、ゲームならスコアが加点されるプレイと、ベストな行動は目的に合わせ異なります。また、**こうした行動の選択は一度きりで終わらず、何度も連続します。行動により環境の状態はどんどん変わっていきます。**そのため、これまでに見てきたような認識、生成とは違った枠組みや学習が必要です。

環境	エージェント	ベストな行動
Web広告の最適化	出稿の決定者	それぞれの属性に、最もフィットするどの広告を提示し、広告クリック率を高く維持する
ゲーム	プレイヤー	高い点数を取る、多くのステージをクリアする、相手に勝つなど
車の運転	ドライバー	事故を起こさず、目的時間に目的地にたどり着く

　ベストな行動を導くためには、報酬の設計は重要です。たとえば、ゲームを例に挙げましょう。仮に「スコアの向上」だけを報酬とすると、ステージをクリアせずにアイテムを取ることだけに集中するプレーヤが出来上がります。報酬設計の具体例は、第3章の164ページのDonkey Simulator事例で取り上げます。

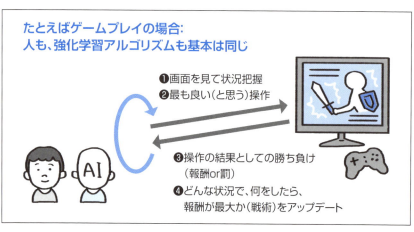

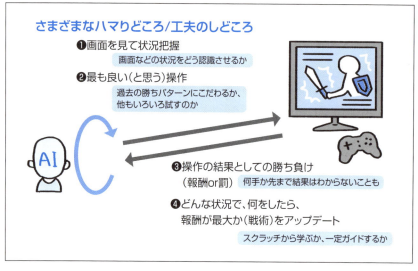

強化学習の歴史は古く、普及した手法の1つにバンディットアルゴリズムがあります。すでに広くWeb広告配信の最適化などに活用されています。探索と活用のバランスをとりながら最適な行動を探し、限られた試行回数での最適化を助けます。

今、注目を集めているのは深層学習の強化学習適用です。

- 深層学習は複雑な入力(画像など)を処理できる
- 強化学習は複雑な行動を出力するのが得意

これらの組み合わせで、これまで解けなかった課題が解け始めました。

▶ 最近の成果

ゲームとロボティクス、自動運転関連での研究がよく聞かれます。加えて工場の操業などの産業適用例も見られます。事例を見ていきましょう。

- **ゲームへの適用**

ゲームと一口にいっても、その参加人数(1人、2人、多人数)、参加者がお互いの情報をどこまで得られるか(完全情報、不完全情報)により形態はさまざまです。2人以上では**ゲーム理論**の考え方(囚人のジレンマ、ナッシュ均衡など)も必要になります。

1人で遊ぶテレビゲームといえば、2015年にDeepMind社が発表した**Deep Q Network (DQN)**は、Atariのゲーム(ブロック崩しなど)を深層学習を使った強化学習で攻略しました。その後、Atariのゲームやそのスコアをベンチマークとして、**Rainbow**、**Ape-X**など、さまざまな手法が提案されてきました。ICLR2019では、先行研究を学習効率とスコア両面で大きく上回り、57個中52のタイトルで人間のスコアを凌駕した**R2D2**(https://openreview.net/forum?id=r1lyTjAqYX)が提案されています。

2人で行うボードゲームは、チェス、将棋、囲碁の順番に複雑さが増します。チェスで1996年のIBM社Deep Blueが勝利しました。このころはまだ、人間があらかじめ決めた盤面の評価方法をコンピュータで並列計算し、次の一手を導くものでした。そうした評価方法を、コンピュータ自身が学ぶのが強化学習です。2017年に史上初めて将棋名人を下したPonanzaの開発者である山本氏は、「教師あり学習ベースの2013年から、2014年以降の強化学習適用がうまくいったことでプロに敵うほど強くなった」とインタビューに答えています。2017年にDeepMind社が発表、2人で行うゲームである囲碁のプロ棋士を破った**AlphaGo**、そのあと事前の分野知識の与えず、まったくゼロから学習させた**AlphaGo Zero**が話題をさらいました。

さらに多人数ゲームにおける実績も出始めました。リアルタイム戦略ゲームへの適用です。2018年6月にOpenAIの**OpenAI Five**がDota2で人間のプロチームへ勝ち、DeepMind社の**AlphaStar**がスタークラフト2でトッププレーヤと戦い、勝利を収めました。

● ロボットへの適用

　一般に、強化学習はデータの収集時間がボトルネックとなり、長い学習時間を要します。ゲームなら、仮想環境なので早回しで学習したり、環境を並列で動かして学習することができます。計算機資源を投下し、学習時間を短縮できるのです。しかし、ロボットなど実際の物理環境ではそれも難しくなります。

　物理的に並列環境を作り、ロボットを並行でたくさん動作、学習させることで、視覚をもとに、人間の手で行うような器用な動作を獲得できるか、という実験もされました（https://ai.googleblog.com/2016/10/how-robots-can-acquire-new-skills-from.html）。

　また、学習はシミュレーションの世界で効率的に進め、実世界、実課題に戻して適用する研究も進められています。

● 交通や自動運転への適用

　AAAI 2019では、「Deep Reinforcement Learning with Applications in Transportation（深層強化学習の交通業界適用）」と題したチュートリアルが行われ、資料が公開されました（https://outreach.didichuxing.com/tutorial/AAAI2019/static/DRL%20with%20Applications%20in%20Transp_AAAI19tutorial.pdf）。中国のライドシェア企業であり、ソフトバンクの出資後日本にも進出しているDiDi（滴滴出行）のメンバーによるものです。自動運転のみならず、オーダーの割り当て、ポジショニング、カープール、交差点の信号制御などへの適用が紹介されています。

● 工場操業への適用

　工場の操業への適用を模索する例があります。工場は、組み立て系とプロセス系に大きく分かれます。組み立て系は、家電、自動車など、部品を組み上げ最終製品を作ります。プロセス系は、石油化学製品、薬品、鉄鋼などのように、原料の混ぜ合わせや、反応炉を経て、最終製品を作ります。一例として、横河電機とNAISTから、プロセス系の工場において、従来は人間が実験を繰り返しチューニングしてきた操業のための条件を、強化学習が見つけ出す試みについてのプレスリリース（https://tech.nikkeibp.co.jp/atcl/nxt/mag/rob/18/012600001/00018/）がありました。

● その他

　最適な深層学習モデル自体を探索する強化学習があります。Network Architecture Search（NAS）という分野では、ある課題に適した深層学習モデルを、学習を通して重みを更新するだけでなく、そのモデルのネットワーク構造自体を変えながら、試行錯誤を通して調整します。その探索に、強化学習が使われています。

SECTION-003

最新の知見についていくために

　前節では、数年を振り返ってさまざまな事例を紹介しました。気になったものはあったでしょうか。さて、日次・週次単位で新しい発見やブレークスルーが起こるスピード感が、機械学習・深層学習の現状であり面白さです。前節の例だけで終わるのはもったいないものです。本章は、皆さんが興味を持った分野について、さらにご自身で情報収集を続ける方法を紹介します。

新しい情報を取り入れるには

　世の中には人工知能のニュースが溢れています。まず、それらの内容、事実を正確に捉えるために持つ視点の話をします。

▶視点のレイヤー構造 ― 虫の目、鳥の目

　皆さんは、普段どんなメディアから情報を取り入れていますか。新聞（一般紙、専門紙）や雑誌、Web上の一般メディア、技術ニュースメディア。それぞれ頭に浮かぶものがあると思います。

　本にまとまった情報は、出版時点から陳腐化が始まります。深層学習・機械学習の応用は特に足が早い分野であり、この本も同じです。また、最も新鮮な情報は、それぞれ研究者や実務家の頭の中にあります。しかし、従来そうした暗黙知は、目的の分野の研究室に所属したり、事業部に所属しないと得られないものでした。近年では勉強会などでの質疑・会話や、SNS、オープンソースなどから垣間見ることができます。ブログ・メーリングリスト・Twitter・Reddit・論文のプレプリント投稿サイト（ArXiv）・GitHubに公開された実装などです。また、受動的に得る情報だけでなく、学会・学会前後の論文読み会・勉強会に参加し、能動的かつ会話などを通した情報収集もできます。

　情報を集める上では、その抽象度のレイヤー構造を頭に置いて進めるのがよいでしょう。抽象度や曖昧さが高いものが上に、具体性の高いものが下に並んでいます。

一般ニュース	一般紙、Webニュース 例「○○というAIで、病気の診断が飛躍的に進歩する」
技術ニュース	技術者を対象としたメディア、個人・企業ブログ 例「○○モデルで画像診断が○%まで向上した」
論文	学会へ投稿、またはプレプリントで公開された論文 例「○○の新規手法で○○を達成、○○の課題は残る」
実装と再現	論文と共に公開された実装・データセット、または追試 例 GitHubに公開される実行可能なコード、データセット
温故知新	過去の機械学習研究（深層学習以前）の基礎、応用

　それぞれについて、詳しく見ていきます。

▶ 一般ニュースの視点

世の中で、今どういったものがWhy、Whatのレイヤーでインパクトを持つのかを測る目安になります。技術、Howに気をとられていると、一般のニュースの事象の切り取り方、取り上げ方にハッとすることもあります。ただ、残念ながら事実と考察の間に大きな飛躍があったり、事実誤認のある記事もあるのが現状です。

▶ 技術ニュースの視点

記事の質はメディアにより大きく異なります。機械学習系を中心に取り上げているメディアは、一定の信頼をおける情報が発信されています。また、論文を簡潔にまとめ、紹介している個人やグループの活動があり、大変ためになります。

▶ 論文の視点

「論文は未来の研究者への手紙」といわれます。専門ではない立場で、数学や前提知識なく丸腰で読むのは厳しいかもしれませんが、技術ニュースやまとめで取り上げられて、面白いな、と思った論文は一度目を通して見るとよいと思います。これらをすべて通読する必要はなく、一部を拾い読むことでも発見があるものです。学会の査読プロセスがオンライン公開されるケースもあります。ある論文を読み、専門家はどんな疑問点を持つのか、著者はどのように答えるのか。採択された論文であっても妄信せず、多面的な意見を頭に置けるようになります。

▶ 実装と再現の視点

ただし、論文は実装にするに当たっては、書かれていない行間を読む、もしくは試行錯誤をする必要があります。近年の論文は、実装と、時にデータセットとともに公表されることが多くあります。その場合、ソースコードを使って手元で追試ができます。完動品の実装が公開されていれば、曖昧さはそこにはありません。注目を浴びた論文は、元実装と異なるフレームワークへ移植されることも多くあります。

▶ 温故知新の視点

深層学習以前から、さまざまな課題に名前が付けられ、いろいろなアプローチが試されています。それらをよく知ることで、旧来の枯れて安定した方法を適用できるのか、あえて深層学習を使う必要があるのか判断ができます。また、ある課題がどのような単位に分解でき、個別に解くべきなのか、End-to-Endで解くべきなのかを考える示唆が得られます。

▶ 最後に：知識とは何か

論文とは何か、また最先端とは何なのでしょうか。Matt Might氏が博士（Ph.D.）の取得に意味することについて、面白いブログ『The illustrated guide to a Ph.D.』(http://matt.might.net/articles/phd-school-in-pictures/)を書いています。

要約すると、次のような内容です。

- エリアの地図は完全にはできていない。境界の先は未知の領域
- すでに解明されたエリアは地図
- 解明されていないエリアはコンパスが必要

フォローすべきメディア

機械学習・深層学習における情報収集は、求める情報の鮮度別に、日・週から月・四半期から半年・年単位と、それぞれに適したメディアがあります。ここで一例を紹介しましょう。

▶ 日単位の情報収集

Twitterでは、海外と日本国内の機械学習系研究者、学習者をフォローするとよいでしょう。各アカウントのアクティブ度合いや発信内容は日々変わるものですが、参考となるフォロー先を後ほど紹介します。

論文プレプリントサイト**ArXiv**（https://arxiv.org/）には、膨大な量の論文が日々、投稿されます。すべてに目を通すのは骨が折れるため、閲覧・言及数が多くトレンド入りしたものを捕捉するようにするとよいでしょう。

たとえば、**RedditのMachineLearningスレッド**（https://www.reddit.com/r/MachineLearning/）では、最新論文についての議論が活発に交わされます。注目の論文はこのスレッドですぐに取り上げられます。Redditは米国で人気のあるソーシャルニュースおよび掲示板サイトです。

Hacker News（https://news.ycombinator.com/）は、米国シリコンバレーを本拠地とするテクノロジー企業向けアクセラレータであるY Combinatorが運営するソーシャルニュースサイトです。コンピュータサイエンス、テクノロジー関係全般の最新情報が集まります。トレンド入りした記事は、**POSTD**（https://postd.cc/）などのメディアで日本語訳が投稿されることがあります。

▶ 週から月単位の情報収集

通常、週から月単位で最新情報を追えていれば十分かもしれません。そのため、定期発行されるメーリングリストはとても助かる存在です。

日本語で情報収集ができるメーリングリストとしては、**piqcy氏のWeekly Machine Learning**（https://www.getrevue.co/profile/icoxfog417/）がおすすめです。1週間の、深層学習界隈の話題をバランスよく取り上げられています。また、**Shunya UETA氏のRumors of ML**（https://www.getrevue.co/profile/hurutoriya）は、機械学習を実際に運用する実践、エンジニアリングの関する話題がカバーされています。

▶ 四半期から半年単位の情報収集

大きめの学会や製品発表は、次節に挙げたカレンダーの通り、1年を通して開催されます。その論文読み会、レビュースライドなどで、毎月まとまった情報が各所から提供されるでしょう。

産業総合研究所の片岡氏を中心とした**cv.paperchallenge**は、学生・研究員、総勢30名が関わるプロジェクトです。CVPR2018（2018年6月）の速報スライド（http://hirokatsukataoka.net/project/cc/cvpr2018survey.html）は163ページにもわたり圧巻です。冒頭で2018年現在の研究トレンドが噛み砕いて紹介されています。最近は、**nlp.paperchallenge**という派生の集まりも生まれました。

Distill(https://distill.pub/)は「機械学習研究は明確・動的・鮮やかであるべきだ」という見地から作られた、Webベースの論文投稿サイトです。Google Brain、OpenAI、MIT CSAILのメンバーによって運営されています。機械学習・深層学習の仕組みを解明する、インタラクティブなデモなどを交えた記事が投稿されます。加えて、OpenAI(https://openai.com/blog/)、DeepMind(https://deepmind.com/blog/)などの公式ブログも、最新の成果の一次情報が得られます。人工知能学会の「私のブックマーク」(https://www.ai-gakkai.or.jp/resource/my-bookmark/)は、人工知能学会誌で各分野の専門家がWebページを紹介する連載を公開したものです。日本語で、各専門家の知見も含め得られる情報は貴重です。

▶ 年単位の情報収集

MOOCsと呼ばれるオンラインに公開された講義、書籍、学会チュートリアルやサーベイ論文を通して情報収集をします。MOOCsは55ページの講座リソース紹介で取り上げます。時折、各ドメインを広めに捉えたレビュー論文が出て話題となります。よいものは、ここまで挙げた情報収集の網にかかることでしょう。

▶ 注意点やTips

ソーシャルメディアや、論文のプレプリントサイトを通した情報収集には注意点があります。これらの情報は、査読や編集のプロセスを経ていないため玉石混交です。あらかじめフォローすべきリストや注意点を知って活用すれば、新鮮かつそれぞれのニーズに合わせた情報が得られます。また、情報を受け取るだけでなく発信することで、学びが深められます。

より腰を据え、探索の幅や深さを求めたい方には、品川氏の大学修士向けレクチャスライド(https://www.slideshare.net/ShinagawaSeitaro/ahclab-m1)がおすすめです。次の点が紹介されています。

- どのようにArXivの論文をキャッチアップするか
- 各学会のまとめ情報をどうフォローし、研究トレンドを追うか

このスライドの23〜24枚目の今すぐフォローすべき論文紹介Twitterアカウントは、情報が充実しています。ある程度、アクティブなTwitterユーザーであれば、息をするように最新の情報がフィードされることでしょう。

学会、勉強会、発表会などの1年

話題となるニュースの裏には周期があります。各学会開催の数カ月前、投稿した論文のデモ、各企業の新製品発表会や技術カンファレンスでの発表が報道されるものなどです。機械学習の「歳時記」を見てみましょう。

▶ 主要な機械学習関連の学会

機械学習の代表的な学会のカレンダーを下記にまとめました。

学会略称	日程（2019年）	テーマや概要
AAAI	1月27日～2月1日	米国人工知能学会
SysML	3月31日～4月2日	機械学習システム
ICLR	5月6日～5月9日	表現学習
JSAI	6月4日～6月7日	日本人工知能学会
ICML	6月10日～6月15日	機械学習
CVPR	6月15日～6月21日	コンピュータビジョン
ACL	7月28日～8月2日	自然言語処理
KDD	8月4日～8月8日	知識処理/データマイニング
IJCAI	8月10日～8月16日	人工知能全般
ECCV	10月27日～11月2日	コンピュータビジョン（欧州）
ISMIR	11月4日～11月8日	音楽情報処理
NeurIPS	12月8日～12月14日	機械学習

　著名な学会は、開催の前後に有志の論文読み会が催されます。開催の情報はTwitterやイベント管理サイトのconnpassなどから得られます。東京近郊での開催が多いものの、ストリーミング中継やアーカイブがYouTube上などで提供されることもあります。開催後には、Slideshare、Speaker Deck、Dropbox Paper、Google Slidesなどに資料がアップロードされ、connpassにもリンクが上がります。検索で過去のものを見つけることができるでしょう。また、学会自体の映像が中継されるケースもあります。NeurIPS（旧NIPS）は中継があり、リアルタイムでセッションを聴くことができました。

　2018年10月から、ICLR2019の論文のオープンレビューが開始しました。開始すぐ、画像／映像の生成で取り上げたDeepMind社のBigGANが注目を集めました。産総研の神嶌氏が、より詳しい「ML, DM, and AI Conference Map」（http://www.kamishima.net/soft/）をまとめています。

▶ 新製品発表会や技術カンファレンス

　学会とともに注目を集めるのが、いわゆるGAFA（Google, Apple, Facebook, Amazon）やMicrosoftの新製品発表や技術カンファレンス、およびTensorFlow（Google）やPyTorch（Facebook）など代表的なフレームワークのカンファレンスです。

イベント名	日程（2019年）
CES	1月8日～1月11日
TensorFlow Dev Summit	3月6日～3月7日
Game Developers Conference	3月18日～3月22日
Google Cloud Next	4月9日～4月11日
Facebook F8	4月30日～5月1日
Microsoft Build	5月6日～5月8日
Google I/O	5月7日～5月9日
Apple WWDC	6月予定
PyTorch Developer Conference	10月予定
Microsoft Ignite	11月4日～11月8日
AWS re:Invent	12月2日～12月6日

多様な講座と学びのアプローチ

　機械学習・深層学習では、英語が中心ですが、オンラインの学習リソースが非常に充実しています。日本語でも、分野ごとに基礎を身に付けるための良著が数多く刊行されています。著者が実際に試したものを中心に紹介します。

▶日本語リソース

　学ぶレイヤーにより、またアプローチにより、おすすめできるリソースはさまざまです。

● 機械学習（数値・表形式データを扱う）

　東京大学松尾研究室の「グローバル消費インテリジェンス寄附講座演習コンテンツ　公開ページ」（http://weblab.t.u-tokyo.ac.jp/gci_contents/）がおすすめです。第3章で、Colab上での実行方法を説明します（99ページ参照）。

● 深層学習の理論と実装

　理論をしっかりハンズオンで理解したい方には、『ゼロから作るDeep Learning――Pythonで学ぶディープラーニングの理論と実装』『ゼロから作るDeep Learning ❷――自然言語処理編』（共に斎藤康毅著、オライリー・ジャパン刊）がおすすめです。本書ではざっくりの説明で済ませる部分も、動かして理解することができるでしょう。文章/言語を扱えるRNNを取り上げた第二弾も発売になり、実装や再現をもって学習するにはぴったりです。

● 深層学習の社会実装

　実装よりも上位の例を基礎から応用まで幅広く理解したい方には、『深層学習教科書　ディープラーニング G検定（ジェネラリスト）　公式テキスト』（一般社団法人日本ディープラーニング協会　監修、浅川伸一、江間有沙、工藤郁子、巣籠悠輔、瀬谷啓介、松井孝之、松尾豊著、翔泳社刊）がおすすめです。試験を受けるか否かは別として、深層学習の応用で意識すべき点が、簡潔かつ平易にまとまっています。

● 強化学習の理論と実装

　2019年1月発売の『Pythonで学ぶ強化学習　入門から実践まで』（久保隆宏著、講談社刊）が最近の内容を網羅的に扱う決定版といえるでしょう。

● ベイズ推論による機械学習

　2017年10月発売の『ベイズ推論による機械学習入門』（須山敦志著、杉山将監修、講談社刊）があります。従来の難解な訳書と比べると格段に学びやすく、また、自然言語処理などの適用事例も紹介されています。

● 機械学習に必要な数学

　予備校のノリで学ぶ「大学の数学・物理」（https://www.youtube.com/channel/UCqmWJJolqAgjIdLqK3zD1QQ）をはじめとして、数学を学べるYouTubeが増えています。また、『人工知能プログラミングのための数学がわかる本』（石川聡彦著、KADOKAWA刊）は数学の基礎から平易に解説されています。

▶英語リソースの活用

　英語リソースは、日本語と比べてとても層が厚いです。MOOCsが先に興った国であることもあるでしょう。初学者から中級者向けのリソースもありますし、大学の最先端の講義が、間を空けずに公開されます。

● Practical Deep Learning for Coders(fast.ai)

　「Practical Deep Learning for Coders」(https://course.fast.ai/)は定点観測としておすすめです。元Kaggle CSOのJeremy Howard氏、University of San Francisco(USF)のRachel Thomas氏が提供する講座です。USFでの講義動画が無償公開されています。PyTorchと独自ライブラリfastaiを中心に、最新事例を取り上げます。Forumで独習者をフォローするコミュニティも構築されています。また、教え合うだけでなく、そこから新たなアイデアも生まれています。

● How to Win a Data Science Competition: Learn from Top Kagglers(Coursera)

　「How to Win a Data Science Competition: Learn from Top Kagglers」(https://www.coursera.org/learn/competitive-data-science)は、Kaggleに本格的に取り組むに当たり知っておくべきことを、トップクラスのKagglerたちから教わることができます。ただし、データ分析コンペで「勝つこと」を主眼としたコースであることに注意が必要です。

▶スタンフォード大の機械学習系の授業

　有名講師陣による「CS224N: Natural Language Processing with Deep Learning」(自然言語処理)、「CS230: Deep Learning」(深層学習)、「CS234: Reinforcement Learning」(強化学習)の講義を社会人向け教育のセンターが「http://onlinehub.stanford.edu/」に入り口をまとめています。

　「http://cs231n.stanford.edu/」の「CS231n: Convolutional Neural Networks for Visual Recognition」(画像認識)も加えると、最新のトレンドを定期的、網羅的に取り入れることができます。受講登録なくYouTubeで視聴できます。

論文を読んでみる

　一般に、理系論文は下記の構成を取ります。
- Abstractで概要をつかむ
- Introductionでこれまでどのような研究があったかの歴史を紐解く
- Method/ Resultは追える限り追う
- Discussionでどういった限界があるかを知る
- Referenceで次に読む論文を探す

　これらをすべて通読する必要はなく、一部を拾い読むことでも発見があるものです。学会の査読プロセスがオンライン公開されるケースもあります。ある論文を読んで専門家はどんな疑問点を持つのか、著者はどのように答えるのか。採択された論文であっても妄信せず、多面的な意見を頭に置けるようになります。

論文を読むことに挑戦すると、数学的な記号が出てきた途端さっぱりわからないなどあるかもしれません。いつか読みこなしてみたい論文を設定し、必要な数学などの学習を進めてみるのもよいでしょう。

英語情報をうまく活用するには

技術情報収集において、英語は避けて通ることができません。心が折れそうになることもあります。筆者なりのアドバイスとしては、次の点を分けて考えるとよいと思います。

- 情報収集
- 英語の習熟

▶ 実力を正しく測る

たとえば同じコンテンツを英語と日本語それぞれ読んでみて、かかった時間を比べてみましょう。まずストップウォッチを使い、英文を読み、所要時間を計ってみます。次に日文を、(英語で通読したことで、飛ばし読みしてしまう可能性があるので)初見のときと同じスピードを心がけながら、同様に所要時間を計ってみます。どれくらいの差があったでしょうか。

これが英語で情報を取り入れるときに、余分にかかる時間です。通常3〜4倍の開きがあるのではないでしょうか。「英語の習熟のために原文で読んでいこう」と意気込むも、なかなか進まず疲れてしまいます。

▶ 情報収集の割り切り

情報収集に割り切れば、機械翻訳を使い、重要なところは原文に当たるのが最も効率的です。

- Webリソースの機械翻訳

ブラウザの翻訳プラグインなどを使うと、生産性が上がります。

- arXivの機械翻訳

arXiv Vanity (https://www.arxiv-vanity.com/) を使うと、PDFでアップロードされた論文も、Webページとして閲覧できます。WebページでarXivのURLを入力する、または、該当ページ上で使うブックマークレットも提供されています。これにより、他のWebページと同様に、Google Translateなどの機械翻訳を使えます。

- Jupyter Notebookの機械翻訳

Jupyter NotebookやColaboratory Notebookは、筆者がGoogle Translate用のgist (https://gist.github.com/tomo-makes/4fa9cf1e136d7bfa6f6c94a8a3afd864) を公開しています。こちらを使うことで、英語と日本語への機械翻訳を併記して確認ができ、読解の補助となります。

CHAPTER 02
機械学習・深層学習の基礎を学ぼう

SECTION-004

手書き数字識別で機械学習の流れを体感する

この章は、機械学習・深層学習の基礎を動かしながら学んでいきます。

本節は、手書き文字認識を試してみます。Colaboratoryの使い方に慣れ、手を動かしながら試行錯誤してみましょう。

Colaboratoryを使ってみる

TensorFlowチュートリアルの**Get Started with TensorFlow**（https://www.tensorflow.org/tutorials/）にアクセスしましょう。ここに、たった15行のコードがあります。この15行に、機械学習・深層学習のエッセンスがぎゅっと凝縮されています。これだけで、手書き数字を認識するモデルを学習、推論できます。試しながら、何が行われているのか見ていきましょう。

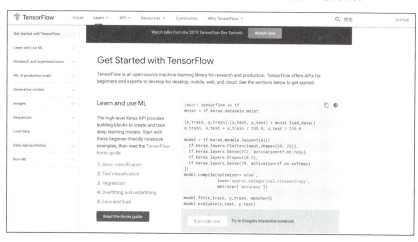

下記にソースコードを転記しました。

```
import tensorflow as tf
mnist = tf.keras.datasets.mnist

(x_train, y_train),(x_test, y_test) = mnist.load_data()
x_train, x_test = x_train / 255.0, x_test / 255.0

model = tf.keras.models.Sequential([
  tf.keras.layers.Flatten(),
  tf.keras.layers.Dense(512, activation=tf.nn.relu),
  tf.keras.layers.Dropout(0.2),
  tf.keras.layers.Dense(10, activation=tf.nn.softmax)
])
model.compile(optimizer='adam',
```

```
              loss='sparse_categorical_crossentropy',
              metrics=['accuracy'])
```

```
model.fit(x_train, y_train, epochs=5)
model.evaluate(x_test, y_test)
```

「Run code now」というボタンを押してみましょう。下記の画面が表示されたでしょうか。

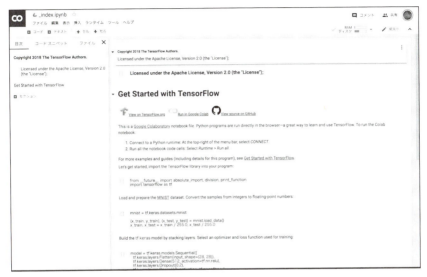

あなたは今、Colaboratory(Colab)に一歩足を踏み入れました。Colabはこれから本節、第3章、そして本書を読み終えても何度も使う、インタラクティブなPython実行環境です。詳しい説明は第4章にあります。そちらにも目を通してみてください。

次にメニューから[ランタイム]→[すべてのセルを実行]を選びます。

■ SECTION-004 ■ 手書き数字識別で機械学習の流れを体感する

少し待つと、次のような出力が得られます。

```
Epoch 1/5
60000/60000 [=//=] - 18s 301us/step - loss: 0.2027 - acc: 0.9402
...
Epoch 5/5
60000/60000 [=//=] - 18s 297us/step - loss: 0.0261 - acc: 0.9919
10000/10000 [=//=] - 1s 74us/step
[0.0710897961827286, 0.9801]
```

おめでとうございます！ 記念すべき1回目のモデルの学習を終えました。あなたの手で「98%の精度で0から9の手書き数字を分類できるモデル」を学習させることができたのです。

ここで、［ランタイム］→［ランタイムのタイプを変更］を選び、ハードウェアアクセラレータに、「GPU」を選びます。

深層学習は、一般にCPUで学習を行うより、GPUで行う方が高速です。実行速度が変わるか、再び実行して比べてみましょう。

```
Epoch 1/5
60000/60000 [=//=] - 13s 219us/step - loss: 0.2041 - acc: 0.9398
Epoch 2/5
60000/60000 [=//=] - 13s 212us/step - loss: 0.0818 - acc: 0.9748
Epoch 3/5
60000/60000 [=//=] - 13s 213us/step - loss: 0.0521 - acc: 0.9833
Epoch 4/5
60000/60000 [=//=] - 13s 210us/step - loss: 0.0368 - acc: 0.9884
Epoch 5/5
60000/60000 [=//=] - 13s 209us/step - loss: 0.0266 - acc: 0.9912 ──── 1
10000/10000 [=//=] - 0s 49us/step
[0.07489631363798399, 0.9784]              2
```

先ほどは1Epoch 18sかかっていたのが、13sに短縮されています！
ログを見ると、次の情報が表示されています。

- 「60000」枚の学習用の手書き数字画像を使って、「5 Epoch」（延べ30万枚をモデルに見せる）かけて、学習させた（**1**）
- 「10000」枚のテスト用の手書き数字画像を使って、正しく分類できるかを試したら、「97.84」%の精度で正解した（**2**）

さて、実行したコードが何を行っていたのか気になりますね。たった15行ですから、1行ずつ見てみます。

▌下ごしらえ

今回の目的や課題は0から9まで、10個の手書き数字を正しく認識できることです。

MNIST（http://yann.lecun.com/exdb/mnist/）と呼ばれる手書き数字のデータセットを使います。学習用に60000枚、テスト用に10000枚の手書き数字が準備されています。もともとNIST（National Institute of Standards and Technology database）の1つに、米国の国勢調査局職員と高校生が手書きした数字を持つデータセットがありました。それを機械学習でより使いやすく改変（Modified）したものが、"M"NISTです。

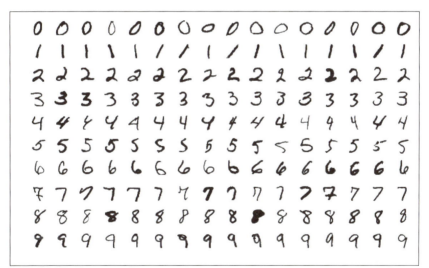

※出典　https://en.wikipedia.org/wiki/MNIST_database

数字は、あらかじめ1つひとつ切り出されています。複数が並んでいるものから切り出して、認識するものではありません。機械学習のモデルには、こうした前処理の有無は大違いです。はがきの郵便番号認識を考えてみましょう。郵便番号を書くための枠はすでに決まっています。それらの枠内を読み取り切り出したなら、今回学習したのと似たデータセットとなります。

■ SECTION-004 ■ 手書き数字識別で機械学習の流れを体感する

　さて、数字をスキャンするには、そして切り出すにはどうしたらよいのでしょうか？　ここに今は深入りしませんが、目的や課題を考えると、機械学習部分の周辺に必要なことがいろいろと見えてきます。第1章の地図5「機械学習活用の流れ」を思い出してみましょう。「その他の部分の開発」や「実環境での評価」には、そういったデータ作成の仕組み作りも必要となります。

▌データセットを準備する

　まず、1行目では、importという命令で**使うPythonライブラリの読み込み**を行っています。

```
import tensorflow as tf
# tensorflow を tf というニックネームで読み込む
```

　ライブラリとは、同じくPythonで書かれたソースコードのファイルです。import文を実行すると、**tensorflow** というライブラリに含まれる大量のソースコードを呼び出して使えるようになります。

　2行目では**手書き数字のデータセットをダウンロード**しています。

```
mnist = tf.keras.datasets.mnist
# mnistという箱を作る。そこにtf.keras.datasets.mnistを入れる
```

　右側の **tf.keras.datasets.mnist** というおまじないで6万枚の学習データ、1万枚のテストデータをダウンロードします。

　「.」(ドット)で区切られているのは、1つひとつの階層です。 **tf(tensorflow)** の下に **keras** があり、その中に **datasets** 、その1つとしての **mnist** を呼び出しています。

　そして、= で結ばれた左側の **mnist** という箱(変数)に格納します。こうして **mnist** という変数で、手書き文字データセットの箱を呼び出せるようになりました。

　3行目を見てみましょう。 **mnist.load_data()** では、早速 **mnist** の箱を呼び出して、**load_data()** という命令をしています。すると、左側にある **(x_train, y_train)**、**(x_test, y_test)** に、先ほどダウンロードしたデータが手渡されます。その際、**load_data()** は、あとで扱いやすくなるよう、学習データ **(x_train, y_train)** と、テストデータ **(x_test, y_test)** で自動で振り分けてくれます。

```
(x_train, y_train),(x_test, y_test) = mnist.load_data()
# (x_train, y_train), (x_test, y_test)という箱を作る
# そこにmnist.load_data()命令の結果を入れる
```

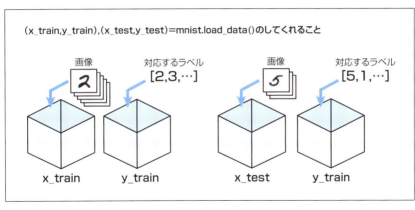

なぜ学習データとテストデータに分ける必要があるのでしょうか。これは入学試験にたとえることができます。学習データは「練習問題」で、テストデータは「本番の入試」だと考えてみましょう。そうした学習と評価のため、あらかじめデータ分割を行います。詳しくは後ほど説明します。

`x_train`、`x_test`の各画像を構成する点を表す数値は、0から255の値をとります。4行目ではそれぞれ255で割り、**その各数値が0から1の値をとる**ようにしています。これは、今後の計算のための前処理です。

```
x_train, x_test = x_train / 255.0, x_test / 255.0
# x_trainは255.0で割った値に差し替える。x_testも255.0で割った値に差し替える
```

モデルを選ぶ

5〜10行目で学習させる**モデルの形状を定義**しています。

```
model = tf.keras.models.Sequential([
  tf.keras.layers.Flatten(),  # 平らにして
  tf.keras.layers.Dense(512, activation=tf.nn.relu), # 512にして
  tf.keras.layers.Dropout(0.2), # dropoutして
  tf.keras.layers.Dense(10, activation=tf.nn.softmax)  # 10、softmax
])
# modelという箱を作る。その箱に、tf.keras.models.Sequential()で定義したモデルを入れる
# そのモデルの形は：
# 入力=>Flatten->[Dense(512)-ReLU]->Dropout(0.2)->[Dense(10)-softmax]=>出力
```

このようなモデルを、多層パーセプトロン（MLP）と呼びます。詳しくは次節で解説します。

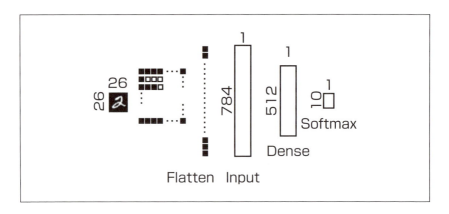

条件(optimizer、loss)を決める

11～13行目では、モデルを学習可能な形にまとめ(コンパイルし)、学習を進める上での諸条件、**ハイパーパラメータを設定**しています。ここではoptimizer、loss、学習時に表示する値(metrics)を指定しています。今回は「学習にはそういう条件設定が必要なのだ」くらいに考えておいてください。次節で説明します。

```
model.compile(optimizer='adam',
              loss='sparse_categorical_crossentropy',
              metrics=['accuracy'])
# modelを、Adamというoptimizer、sparse_categorical_crossentropyというロス、
# 分類精度というパラメータでコンパイルする
```

学習と評価

いよいよモデルの学習に進みます。学習を終えたら、その性能を評価します。

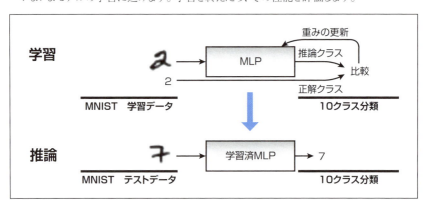

▶ 学習

14行目では、手書き文字の画像(`x_train`)と、その正解の数字(`y_train`)を与えて、**モデルの学習を進めています**。

```
model.fit(x_train, y_train, epochs=5)
```

その結果、次のようにプログレスバーが進みます。

```
Epoch 1/5
43776/60000 [==//=>........] - ETA: 3s - loss: 0.2306 - acc: 0.9334
```

しばらく待つと、次の結果が出ました。

```
Epoch 1/5
60000/60000 [=//=] - 13s 219us/step - loss: 0.2041 - acc: 0.9398
Epoch 2/5
60000/60000 [=//=] - 13s 212us/step - loss: 0.0818 - acc: 0.9748
Epoch 3/5
60000/60000 [=//=] - 13s 213us/step - loss: 0.0521 - acc: 0.9833
Epoch 4/5
60000/60000 [=//=] - 13s 210us/step - loss: 0.0368 - acc: 0.9884
Epoch 5/5
60000/60000 [=//=] - 13s 209us/step - loss: 0.0266 - acc: 0.9912
```

「1 Epoch(6万枚)を学習するのに13秒ほどかかり、lossは最後に0.02程度、精度は99.12%になった」ということを示しています。

さて、これで「どんな手書き文字でも99.12%で認識できる」モデルが出来上がったのでしょうか。実はそう考えるのにはまだ早いのです。

▶評価

15行目では、テスト用の画像(x_test)とラベル(y_test)を与えて、**学習済みモデルがどれくらいの精度で分類できるかをテスト**しています。

```
model.evaluate(x_test, y_test)
```

プログレスバーが動き、最後に次のような表示になります。

```
10000/10000 [=//=] - 0s 49us/step
[0.07489631363798399, 0.9784]
```

これは「1万枚のテストデータで試したら、lossが0.074、精度が97.84%だった」ということを示しています。

先ほど、**学習データは「練習問題」**で、**テストデータは「本番の入試」**だとたとえました。「練習問題」をずっと解き続けてたら、出題パターンに慣れる、もしくは問題に対する答えを暗記してしまい、100%近く解けるようになっていくでしょう。ですが、それで「本番の入試」はもう完璧だとはなりません。なぜなら、「本番の入試」で同じ問題が出るとは限らないからです。このように、学習データを解くことは得意になるが、テストデータではそれと比べて著しく成績が低い状態を**過学習**(overfitting)といいます。

チューニング

モデルやパラメータをどんどん変えて実験してみましょう。

▶Validationの導入

Validationとは何でしょうか。先ほどは学習データが「練習問題」で、テストデータが「本番の入試」と話しました。**学習データを「練習問題」と、「模擬試験」に分ける**ことができます。**「模擬試験」**がValidationです。

人間も、「練習問題」からいきなり「本番の入試」では本来の力が出せません。機械学習も、Validationを挟むことで、より過学習を避け、精度の向上が期待できます。

14行目を変更し、パラメータ `validation_split=0.1` を `model.fit()` の引数に加えてみましょう。これは学習データの0.1（10%）を、Validation用に使うよう指定します。

```
model.fit(x_train, y_train, validation_split=0.1,epochs=5)
```

すると、次のように結果表示が変わります。

```
Train on 54000 samples, validate on 6000 samples
Epoch 1/5
54000/54000 [=//=] - 12s 224us/step - loss: 0.2133 - acc: 0.9365
 - val_loss: 0.0918 - val_acc: 0.9725
Epoch 2/5
54000/54000 [=//=] - 12s 214us/step - loss: 0.0843 - acc: 0.9742
 - val_loss: 0.0793 - val_acc: 0.9783
Epoch 3/5
54000/54000 [=//=] - 12s 214us/step - loss: 0.0546 - acc: 0.9830
 - val_loss: 0.0683 - val_acc: 0.9788
Epoch 4/5
54000/54000 [=//=] - 11s 206us/step - loss: 0.0377 - acc: 0.9877
 - val_loss: 0.0703 - val_acc: 0.9812
Epoch 5/5
54000/54000 [=//=] - 11s 212us/step - loss: 0.0282 - acc: 0.9907
 - val_loss: 0.0713 - val_acc: 0.9802
10000/10000 [=//=] - 0s 49us/step
[0.07104478010482854, 0.9778]
```

▶optimizerの変更

11〜13行目を次のように書き換え、パラメータ `optimizer` を `Adam` から `SGD` に変更します。

```
model.compile(optimizer='SGD',
              loss='sparse_categorical_crossentropy',
              metrics=['accuracy'])
```

実行すると、次のような結果が出ます。

```
Train on 54000 samples, validate on 6000 samples
Epoch 1/5
54000/54000 [=//=] - 7s 134us/step - loss: 0.6441 - acc: 0.8436
 - val_loss: 0.3115 - val_acc: 0.9192
Epoch 2/5
54000/54000 [=//=] - 7s 125us/step - loss: 0.3405 - acc: 0.9063
 - val_loss: 0.2538 - val_acc: 0.9305
Epoch 3/5
54000/54000 [=//=] - 7s 126us/step - loss: 0.2915 - acc: 0.9187
 - val_loss: 0.2241 - val_acc: 0.9402
Epoch 4/5
54000/54000 [=//=] - 7s 130us/step - loss: 0.2607 - acc: 0.9277
 - val_loss: 0.2027 - val_acc: 0.9460
Epoch 5/5
54000/54000 [=//=] - 7s 128us/step - loss: 0.2374 - acc: 0.9335
 - val_loss: 0.1842 - val_acc: 0.9528
10000/10000 [=//=] - 0s 48us/step
[0.21576908236145972, 0.9408]
```

精度が94.08%に落ちてしまいました。本来、低い値が望ましいloss値の下がり方も、遅くなってしまいました。

▶ epoch数の変更

14行目を次のように変更し、パラメータ **epochs** を **5** から **20** に増やしてみるとどうでしょう。

```
model.fit(x_train, y_train, validation_split=0.1,epochs=20)
```

実行すると、次の結果が出ます。

```
Train on 54000 samples, validate on 6000 samples
Epoch 1/20
54000/54000 [=//=] - 10s 192us/step - loss: 0.6361 - acc: 0.8447
 - val_loss: 0.3083 - val_acc: 0.9198
Epoch 2/20
54000/54000 [=//=] - 10s 181us/step - loss: 0.3373 - acc: 0.9074
 - val_loss: 0.2487 - val_acc: 0.9327
Epoch 3/20
54000/54000 [=//=] - 10s 184us/step - loss: 0.2883 - acc: 0.9202
 - val_loss: 0.2198 - val_acc: 0.9403

...中略...

Epoch 18/20
54000/54000 [=//=] - 9s 174us/step - loss: 0.1080 - acc: 0.9705
 - val_loss: 0.1024 - val_acc: 0.9725
Epoch 19/20
54000/54000 [=//=] - 10s 187us/step - loss: 0.1037 - acc: 0.9721
```

```
 - val_loss: 0.0999 - val_acc: 0.9735
Epoch 20/20
54000/54000 [=//=] - 10s 192us/step - loss: 0.0994 - acc: 0.9729
 - val_loss: 0.0970 - val_acc: 0.9742
10000/10000 [=//=] - 0s 47us/step
[0.10807207960747182, 0.9695]
```

時間はかかりましたが、optimizerにAdamを用いたのと、同等の精度まで達しました。

▶ **学習率(Learning rate)の変更**

学習率を変えてみます。11～13行目を次のように変更し、パラメータ `lr=0.1` を試します。

```
model.compile(optimizer=tf.keras.optimizers.SGD(lr=0.1),
              loss='sparse_categorical_crossentropy',
              metrics=['accuracy'])
```

次のような結果となります。

```
Train on 54000 samples, validate on 6000 samples
Epoch 1/5
54000/54000 [=//=] - 7s 133us/step - loss: 0.2929 - acc: 0.9171
 - val_loss: 0.1547 - val_acc: 0.9545
Epoch 2/5
54000/54000 [=//=] - 7s 125us/step - loss: 0.1374 - acc: 0.9605
 - val_loss: 0.1047 - val_acc: 0.9718
Epoch 3/5
54000/54000 [=//=] - 7s 125us/step - loss: 0.0964 - acc: 0.9723
 - val_loss: 0.0873 - val_acc: 0.9757
Epoch 4/5
54000/54000 [=//=] - 7s 128us/step - loss: 0.0733 - acc: 0.9788
 - val_loss: 0.0826 - val_acc: 0.9763
Epoch 5/5
54000/54000 [=//=] - 7s 127us/step - loss: 0.0579 - acc: 0.9838
 - val_loss: 0.0706 - val_acc: 0.9795
10000/10000 [=//=] - 0s 47us/step
[0.07515210527935996, 0.9772]
```

さらに学習率を変えてみます。11～13行目を次のように変更し、パラメータ `lr=0.0001` を試します。

```
model.compile(optimizer=tf.keras.optimizers.SGD(lr=0.0001),
              loss='sparse_categorical_crossentropy',
              metrics=['accuracy'])
```

次の結果となり、まったく学習が進みません。

```
Train on 54000 samples, validate on 6000 samples
Epoch 1/5
54000/54000 [=//=] - 7s 136us/step - loss: 2.2591 - acc: 0.1465
 - val_loss: 2.1533 - val_acc: 0.2622
Epoch 2/5
54000/54000 [=//=] - 7s 124us/step - loss: 2.0724 - acc: 0.3738
 - val_loss: 1.9717 - val_acc: 0.4975
Epoch 3/5
54000/54000 [=//=] - 7s 125us/step - loss: 1.9083 - acc: 0.5463
 - val_loss: 1.8101 - val_acc: 0.6227
Epoch 4/5
54000/54000 [=//=] - 7s 125us/step - loss: 1.7618 - acc: 0.6336
 - val_loss: 1.6653 - val_acc: 0.6913
Epoch 5/5
54000/54000 [=//=] - 7s 124us/step - loss: 1.6306 - acc: 0.6837
 - val_loss: 1.5356 - val_acc: 0.7373
10000/10000 [=//=] - 0s 46us/step
[1.5495203968048095, 0.7105]
```

今度は、11〜13行目を次のように変更し、パラメータ `lr=10` を試します。

```
model.compile(optimizer=tf.keras.optimizers.SGD(lr=10),
              loss='sparse_categorical_crossentropy',
              metrics=['accuracy'])
```

次の結果となり、同じくまったく学習が進みません。

```
Train on 54000 samples, validate on 6000 samples
Epoch 1/5
54000/54000 [=//=] - 7s 138us/step - loss: 14.2872 - acc: 0.1131
 - val_loss: 14.4257 - val_acc: 0.1050
Epoch 2/5
54000/54000 [=//=] - 7s 131us/step - loss: 14.2938 - acc: 0.1132
 - val_loss: 14.4257 - val_acc: 0.1050
Epoch 3/5
54000/54000 [=//=] - 7s 139us/step - loss: 14.2938 - acc: 0.1132
 - val_loss: 14.4257 - val_acc: 0.1050
Epoch 4/5
54000/54000 [=//=] - 8s 141us/step - loss: 14.2938 - acc: 0.1132
 - val_loss: 14.4257 - val_acc: 0.1050
Epoch 5/5
54000/54000 [=//=] - 7s 134us/step - loss: 14.2938 - acc: 0.1132
 - val_loss: 14.4257 - val_acc: 0.1050
10000/10000 [=//=] - 0s 48us/step
[14.28869146270752, 0.1135]
```

▶モデルの変更

　同じモデルの形状であっても、パラメータを変えることで大きく結果が変わりました。次にモデルの形状を変えることを試してみましょう。

　Dropoutをなくしてみると何が起きるでしょうか。5～10行目を次のように変更してみましょう。

```
model = tf.keras.models.Sequential([
  tf.keras.layers.Flatten(),  # 平らにして
  tf.keras.layers.Dense(512, activation=tf.nn.relu),  # 512にして
  tf.keras.layers.Dense(10, activation=tf.nn.softmax)  # 10, softmax
])
# modelという箱を作る。その箱に、tf.keras.models.Sequential()で定義したモデルを入れる
# そのモデルの形は：
# 入力=>Flatten->[Dense(512)-ReLU]->Dropout(0.2)->[Dense(10)-softmax]=>出力
```

　全結合層をもう1つ足してみると何が起きるでしょうか。5～10行目を次のように変更してみましょう。

```
model = tf.keras.models.Sequential([
  tf.keras.layers.Flatten(),  # 平らにして
  tf.keras.layers.Dense(512, activation=tf.nn.relu),  # 512にして
  tf.keras.layers.Dropout(0.2),  # dropoutして
  tf.keras.layers.Dense(512, activation=tf.nn.relu),  # 512にして
  tf.keras.layers.Dropout(0.2),  # dropoutして
  tf.keras.layers.Dense(10, activation=tf.nn.softmax)  # 10, softmax
])
# modelという箱を作る。その箱に、tf.keras.models.Sequential()で定義したモデルを入れる
# そのモデルの形は：
# 入力=>Flatten->[Dense(512)-ReLU]->Dropout(0.2)->[Dense(10)-softmax]=>出力
```

　それぞれの結果を比べてみましょう。また、ハイパーパラメータを合わせて変更してみましょう。

まとめと発展

　MNISTだけでなく、同じことを他のデータセットでも実験してみましょう。**Fashion-MNIST**（https://github.com/zalandoresearch/fashion-mnist）は、MNISTと同形式で提供され、衣服画像の分類を試すことができます。先ほどの `tf.keras.datasets.mnist` によるデータ読み込みを、`tf.keras.datasets.fashion_mnist` に変えるだけで試せます。また、**Kuzushiji-MNIST**（https://github.com/rois-codh/kmnist）という、日本の古文のくずし字をMNISTと同形式で扱えるようにしたデータセットも公開されています。データセットを変えて実験してみましょう。ハイパーパラメータに対する挙動は、それぞれのデータセットで異なっているでしょうか。

　ここでは何個かのハイパーパラメータを変えてみましたが、あるときは精度が上がり、あるときは学習が進まなくなってしまうことを、実タスクで確かめられました。実際の機械学習タスクでは、こうしたハイパーパラメータの変更により、最終精度を高め、目的や課題設定を満たす

結果が得られるまで続けます。また、今回は特に戦略なくさまざまなパラメータを試しましたが、探索にもいろいろな方法が提案され、研究の一分野となっています。

また、モデル自体を変更することでも結果が変わりました。モデルの選択肢、パラメータの選択肢を掛け合わせると、まさに無限の組み合わせを取りうることがわかります。どうやったら、適切なモデルとパラメータを選べるのでしょうか。次章で、そうした理論に触れましょう。

SECTION-005

インタラクティブに学ぶ機械学習の舞台裏

前節の手書き文字認識と対照させながら、Web上のインタラクティブなツール「A Neural Network Playground」を使い、動かしながら必要となるコンセプト(モデル選択、学習、チューニングの詳細)を学びます。

■ Playgroundで学習とチューニングを行う

A Neural Network Playground(https://playground.tensorflow.org/)は、コーディングなく直感的に深層学習を体感できるツールです。ブラウザで開いてみてください。

初期状態は、円状に配置された青色の点と、その周囲の橙色の点を分類するタスクです。

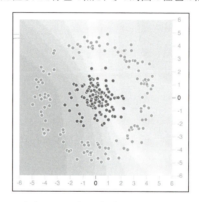

x座標・y座標を入力に、青色グループか、橙色グループかを出力できるようにしましょう。ここでは、-1から1の数字を出力し、-1と0の間ならモデルを青色グループ、0と1の間なら橙色グループとします。たとえば、次の出力を期待します。

- (0, 0) => 青(-1)
- (-4,0) => 橙(1)
- (3, 3) => 橙(1)

背景に青色と橙色のグラデーションがあります。これらの色が、それぞれの座標点を入力に、現在のモデルがどう分類を予測するかを表しています。ご覧の通り、まだ予測の分類と、真の分類とが一致していません。

初期状態では、これを入力層1層、中間層2層、出力層1層の**多層パーセプトロン**(MLP)と呼ばれるニューラルネットで解く設定です。左上部の再生ボタンを押してみましょう。左上のカウンタが回ります。背景の色が変わり、あっという間に学習が収束します。青色の点の背景が青色、橙色の点の背景が橙色に塗り分けられました。一時停止ボタンを押して、実行を止めます。

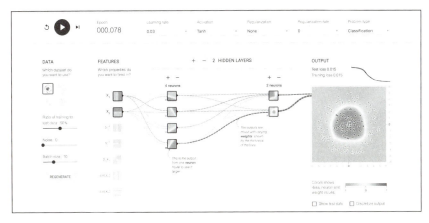

▶ 学習済みモデルの探検

学習後のモデルを詳しく見てみましょう。

各**ニューロン**（neuron。本書ではノードと呼びます）をつなぐ線にカーソルを重ねます。下図のように `Weight is 0.61.` などと表示されました。これが学習された**重み**（weight）です。重みの大きさに応じて、線が太く表されます。次に、各ノードの左下の小さな四角に重ねてみます。同様に `Bias is -1.5.` などと表示されました。これが学習された**バイアス**（bias）です。各ノードは、重みはそのノードへの入力数分、バイアスは1つ持ちます。

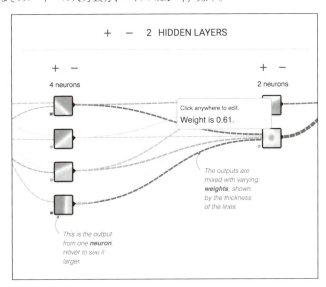

画面右下に表示の通り、重みやバイアスは、正の数は橙色、0は白色、負の数は青色です。入力の各点 (x, y) は、それぞれ -6 < x < 6、-6 < y < 6 の値を取ります。

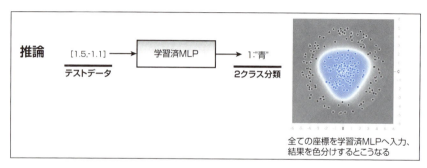

全ての座標を学習済MLPへ入力、結果を色分けするとこうなる

　たとえば (1.5, -1.1) を入力したとします。下図のように計算され、最後に0より小さい数字が出力されます。つまり、(1.5, -1.1) は、青色グループと推論されました。

　この裏側では、入力に対して、掛け算、足し算、活性化関数の適用が行われています。そして、学習済みのモデルは、さまざまな入力に期待した出力を返すよう、モデルの形に合わせて、各ノードは最適な重みを持っています。この掛け算、足し算、活性化関数を適用するという部品は、どのようなニューラルネットにも共通です。この最適な重みは、学習を通して獲得されます。

▶学習の裏側

　では、その学習とは何をやっているのでしょう。

　リセットボタンを押して、重みをクリアします。今度は1ステップずつ実行してみましょう。ステップ実行ボタンを一度、押すと、重みとバイアスが更新されました。この更新の裏側を見ていきます。

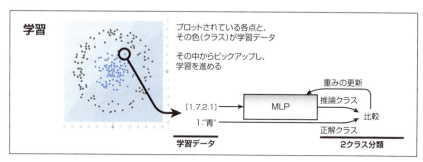

　学習を始める前は、一定のルールで重みが初期化されます。そして、まず**データを入力層に入れます**。その値に**順番に重みをかけ、バイアスを足し、活性化関数を適用**します。それを続けて最後の出力層までたどり着くと、今のモデルの推論結果が出ます。でも、最初はなかなか正解しないでしょう。正解に近づけるにはどうしたらよいでしょうか。その**出力と正解がどれくらい違うか（誤差）をとります**。その誤差の情報を、先ほどと**逆方向に各層へ伝え戻します**。伝わる過程で、得たい結果に近づけるために、重みごとの増減の方向や動かす大きさが決まります。それに基づき**重みやバイアスを増減**します。この一連のプロセスが「学習」です。

もう一段階、詳しく見ていきましょう。それぞれの工程に使われるテクニック、その設定を決めるパラメータがあります。正解と出力の誤差をとり、その誤差を各層に伝えるのが**誤差逆伝播法**(backpropagation)です。伝わった情報をもとに、重みの更新には**勾配降下法**(gradient descent)が使われます。勾配降下法を最適化するアルゴリズム、**オプティマイザ**(optimizer)はいろいろな種類があります。重みをどれくらい大きい幅で更新するかは**学習率**(learning rate)で調整できます。

勾配降下法をデータセット全体に適用すると遅くなります。そのため、データセットを分割した**バッチ**ごとに適用します。1バッチに含むデータセットの数を**バッチサイズ**(batch size)といいます。**バッチ**が全データセットをさばききったら、1**エポック**(epoch)の完了です。**損失関数**(loss function)や学習データ、バリデーションデータの正解率などの値の推移を見て、学習が収束するまで続けます。

前半では学習の流れ、後半では用語を取り上げる形で説明しました。本書では各用語の説明までは立ち入りませんが、『ゼロから作るDeep Learning――Pythonで学ぶディープラーニングの理論と実装』(斎藤康毅著、オライリー・ジャパン刊)などの書籍で、より詳しく学ぶことができます。

Playgroundで他の課題を試す

Playgroundには他の課題も準備されています。同じ流れを別課題で試してみましょう。

▶ 課題を選ぶ

4つの分類問題、2つの回帰問題から選ぶことができます。分類は500サンプル、回帰は1200サンプルのデータセットが準備されています。これらのタスクを解くと、一通りのステップを体感できます。

▶ モデルを選ぶ

入力とする特徴を選び、多層パーセプトロンの中間層を増減させたり、層ごとのノードの数を増減させます。

▶ モデルを選ぶ

選んだモデルで、再生ボタンを押します。すると、「Output」(出力)のグラフに、次が表示されます。
- 学習誤差(Training loss)・・・灰色
- テスト誤差(Test loss)・・・黒色

```
OUTPUT
Test loss 0.014
Training loss 0.011
```

学習を始めると、これらの値が変化します。順調に下がれば、学習が進んでいます。下記のパラメータチューニングによって、値が飛び跳ねたり、増えてしまうこともあります。

また、黒色・灰色両方が一緒に下がっていくことが重要です。Training lossのみ下がり、Test lossが下がらない状態は**過学習**です。先に述べた「練習問題」にだけ強い状態です。状況を改善するために、モデルや、次のハイパーパラメータを変える必要があります。

モデルの種類や、モデルの設定値（ハイパーパラメータ）を入れ替え、試行錯誤します。次の値を変えてみることができます。

- モデル
  - 特徴 Features
  - 中間層の種類 Hidden layers
    - ▷ 中間層の数
    - ▷ 中間層ごとのノード数
  - 活性化関数 Activation
- ハイパーパラメータ
  - 学習率 Learning rate
  - 正則化/ 正則化項 Regularization/ Regularization rate
  - トレーニングデータの割合 Ratio of training to test data
  - ノイズ Noise
  - バッチサイズ Batch size

いろいろなパラメータを試して、挙動の違いを見てみましょう。

試してみよう

いろいろなパラメータを変えながら、4つの分類問題、2つの回帰問題をすべて解けるか、確かめてみましょう。遊んで理解するためのガイドを、いくつか作ってみました。

▶ さまざまな特徴を入力するか、層やノード数を増やすか

できるだけ層やノード数を増やし、複雑なモデルを作れば万能か、と思いますが、案外そうでもありません。増やせば増やすほど、学習の進行が遅くなったり、過学習のリスクが増えます。一般に、データセットの大きさと、適切なモデルのノードや深さは対応関係にあるといわれます。

▶ 適切な学習率やオプティマイザは

先ほど学習率は、「重みをどれくらい大きい幅で更新するか」を決めると説明しました。ゴルフを想像してみてください。最適な重みに到達することを、ゴルフのカップの近くにボールを寄せることでたとえます。ゴルフでは普通、第1打はドライバーや、番手の小さいアイアンという、距離を稼げるクラブを使います。第2打、第3打と、残り距離に合わせたクラブを選択していきます。グリーンに乗ったら、距離は飛ばないが精度の良いパターでカップにボールを入れるという最後の仕上げをします。

第1打からパターを使ってしまったら、何十打と打っても、なかなかカップはおろか、グリーンにたどり着きません。小さい学習率を選ぶのは、飛距離が短いクラブを選ぶに似ています。逆に、大きい学習率のままでは、グリーンでドライバーを使ってカップにボールを入れるのは至難の業でしょう。仕上げには、仕上げに適した精度の高いクラブがあります。

オプティマイザは、直感的な説明では、「最適解へ至る攻め方」を決めます。ゴルフでいうと、木々が遮る場合、それを迂回するのか、突っ切るのか、さまざまなボールの運び方があるでしょう。同様にSGD、Adam、Adagrad、RMSpropなど、それぞれの最適化アルゴリズムが、より早く、最適解に至るためのそれぞれの工夫を持っています。

▶ 正則化やノイズとは

先ほど、過学習という言葉が出てきました。正則化、ノイズを加えることは、より複雑なモデルでも、過学習に陥ることを避け、うまく学習を進めるためのテクニックです。たとえば、正則化は、それぞれのノードの「重み」が極端な値になることを避けます。

手書き数字認識との関係

本章では、(1, 3) といった2つの数字、言い方を変えると2次元の入力を扱いました。その入力の次元が上がったらどうなるでしょうか。前述した原理は変わりません。たとえば、前節のMNISTデータセットは、各ピクセルのグレースケールを表す数字が28x28=784個並んでいます。つまり784次元の入力です。入力のサイズは変われど、行っている演算は同じです。

これまで言葉や図で説明しましたが、線形代数や、そこで導入される行列といった数学の言葉は、このようにたくさんの数を効率的に扱えるようにしてくれます。今回は、数え上げられる程度のパラメータ数でしたが、たとえばVGG16という主に画像を入力に取るモデルは、1.3億ものパラメータを持ちます。もはや想像や図で表現できない概念を、数式がシンプルに表し、その上で思考を積み上げられるようにしてくれます。

また、前節ではCPUとGPUの計算を切り替え、比較してみました。CPUと比較して、このようにたくさんの数を並列で足したり、掛けたりすることが得意なのがGPUです。

前節では学習率や、オプティマイザを変えることも試してみました。何をしていたかの中身のイメージが湧いたでしょうか。

まとめと発展

Google公式ブログ(https://cloudplatform-jp.googleblog.com/2016/07/tensorflow-playground.html)に、触りながら理解するための記事があります。まず読み進め、ガイドに従っていろいろと動かしてみましょう。

hinase氏のブログ(https://hinaser.github.io/Machine-Learning/index.html)では、より網羅的に数式も使い、深層学習について説明しています。

ここでは、高次元のデータであっても、2次元や3次元のデータに対しての演算と、扱い方は同じであるといいました。しかし、2次元や、3次元など人間の想像できる世界と、高次元の世界は違った構造をしています。**次元の呪い**、**サクサクメロンパン問題**といったキーワードから、そういった構造の違いを考える数学を垣間見てみても面白いでしょう。

SECTION-006

画像認識コンペの世界を覗く

　本節では、2017年1-3月に開催された画像認識系コンペである**人工知能技術戦略会議等主催 第1回AIチャレンジコンテスト**(https://signate.jp/competitions/31/)への参加経験をお話しします。筆者は、これが機械学習系コンペの初参加であり、深層学習を使った画像認識に取り組むのもはじめてでした。それもきっかけの1つとなり、2年後にこのような本を書いているのですから、人生とはわからないものです。さておき、本コンテストはSIGNATEでホストされていますが、基本的な流れはKaggleなどでも変わりません。

　細かなキーワードで立ち止まらず、肩の力を抜き、流し読みをして雰囲気をつかんでください。画像認識の現場で、またコンペにおいて、どのような試行錯誤があり、どのようなスキルが必要か、そして、どのくらい時間をかけて取り組むのか、そういった手触りが湧くはずです。おなじみの流れに沿って見てみましょう。

■ 下ごしらえ

　まずは取り組むにあたっての準備です。目的の確認、課題の具体化、既存手法の確認、実行環境を確認しましょう。

▶ 目的を明確にする

　コンペ参加者としては、参加するからには勝つ、それだけです。ですが、コンペ開催者としては、なぜそのテーマをコンペに選んだか、の背景があるはずです。今回のテーマは、クックパッド社の提供する**料理写真を分類するモデルを作成し、その分類精度を競う**というものでした。

▶ 解くべき課題を具体化する

　データ分析コンペではゴール設定が明確に定められているため、頭を悩ませることはありません。クックパッドの提供する画像データを使用します。1万枚の評価用画像データをどれだけ正しく、25種類のカテゴリ(うどん、パスタ、プリンなど)に分類できるかを競います。

　コンペページの評価方法(https://signate.jp/competitions/31/#evaluation)を確認すると、『**精度評価は、評価関数「Accuracy」を使用します。**』とされています。また『**Accuracyは、予測ラベルと正解ラベルが一致した画像の数の、全サンプル数に対する比率です。**』とされています。

　コンペは下記スケジュールで進められました。

- 2017年1月10日(火)　コンテスト開始
- 2017年3月31日(金)　コンテスト終了

　筆者は2月上旬から取り掛かり、約2カ月に渡って画像認識の基礎から学習を進めつつ、コンペに参加しました。

▶既存のサービスや手法が使えないか調べる

まず、料理画像を分類するというタスクを行っている先行研究、ブログポストなどをひたすらWeb検索で探しました。今回はコンペであり、また参加ルールにも定められているため、市井の機械学習APIサービスを使うことはできません。ただし、学習済みモデルの転用は許されていました。

▶実行環境を準備する

2017年2月ということでライブラリのバージョンに歴史を感じますが、下記の環境を使いました。

- 使用インスタンス
  - 共用NVIDIA Tesla M40、メインメモリ256GB、HDD100GB
- 主要なソフトウェア、ライブラリ
  - pyenv 1.0.7/ Anaconda3-4.2.0(Python 3.5.2)
  - Tensorflow-gpu 0.12.1 / Keras 1.2.1
  - Pandas 0.18.1 / Scikit-learn 0.17.1
  - Jupyter 1.0.0

使用インスタンスは、このコンペのスポンサーであるIDCFクラウドから、無償貸与されていたものです。

ちなみに、こうしたコンピュートリソースを自由に使い、試行錯誤することがいかに学びに重要かを痛感しました。それまでは、手元のPCで、簡単なチュートリアルを流すだけに満足していたからです。このあと、Colaboratoryが発表されたとき、「これは広めたい」と思ったことがこの書籍執筆の1つの発端でした。

■■■データセットを準備する

今回のコンペでは、下記のデータセットが与えられました。

- 25種の料理カテゴリ
- 7万枚の料理画像
  - 1万枚学習用データ(カテゴリのラベルがあるもの)
  - 5万枚学習用データ(カテゴリのラベルがないもの)
  - 1万枚の評価用データ

今回はコンペのために、ラベル付けがすでにされたデータが与えられています。現実の課題に適用するときは、課題に応じてデータセットの準備が必要になります。こうした、主催者側で行ってくれる**下ごしらえをスキップし、いきなりモデルの定義やチューニングに入るのがコンペの特徴**です。

モデルを選び、条件を決める

さて、ここからがコンペ本番です。

▶ 採用モデルまでの変遷

コンペの開始から、次のような道筋をたどりました。

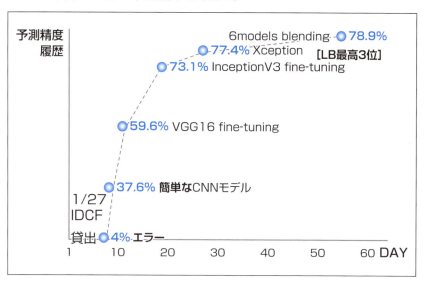

- 開始直後

  単純なCNNを組み試すが、エラーがありAccuracyで**数%**しか精度が出ませんでした。

- 2月頭

  エラーを直し、単純なCNNで**40%程度**の分類精度が出ました。

- 2月下旬

  ImageNet事前学習モデルを、ラベルありデータのみを用いてファインチューニング（fine-tuning）を始めました。
  - VGG16：60%台
  - InceptionV3：73%
  - XceptionV1：75%まで向上

まずここまで、VGG16はImageNet画像分類チャレンジであるILSVRC2014で2位、InceptionV3は同じくILSVRC2014で1位の後継となるモデルです。ResNet50は、LSVRC2015で1位のResNet152の層数を減らしたバージョンです。XceptionV1は、Kerasフレームワーク作者のFrancois Chollet氏の作ったモデルです。すべてKerasで、ImageNet事前学習済みのモデルが提供されていました。ここでは深く取り上げませんが、それぞれのモデルのネットワーク構造が違っており、それが予想通り精度の差になって現れました。

- 3月上旬

ラベルなしデータも含め、半教師ありによるfine-tuningを行いました。
- XceptionV1で77%

- 3月下旬

ResNet50も加え、各種のアンサンブル手法を試しました。
- 4 models blendingで78.3%まで向上
- 6 models blendingで78.94%まで向上

アンサンブルにより、複数のモデルを混ぜ合わせ、最後のひと押しをしました。

- 最終結果

Public LBからPrivate LBで順位の変動があり、精度10位となりました。LBとはリーダーボード(順位表)の略です。一般にこうしたコンペでは、開催期間中は答え合わせ用のうち、一部のデータセットでのみ提出された予測などを評価します。それをPublif LB、暫定順位として公開します。そして、コンペ締切後に、隠されていたプライベートデータセットも含めて再度、評価が行われ、Private LBとして発表されます。そしてそれが確定順位となります。

最初からすべてのデータセットを使ってしまうと、そのLB変動情報をもとに、モデルを過学習させ、最終順位を上げることができてしまいます。それではコンペが成り立たないため、このような仕組みが使われています。
- Public LB 78.94%から、Private LB 78.46%へ低下

▶ 最終モデル

下図のように、ImageNetで事前学習したモデル6つを異なる条件でfine-tuningし、それらのアンサンブル(Blending)を行いました。

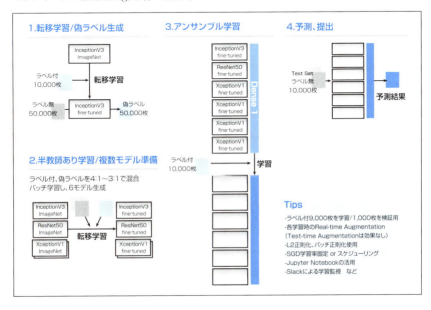

学習、評価、チューニングを繰り返す

　入力、モデル、出力の条件を色々と変えながら学習、評価を試し、チューニングを進めていきます。

▶入力の試行錯誤

　まず、データセットの入力における試行錯誤を見ていきましょう。次の4つがポイントでした。

● Validation Set比率を10％とし、Train/Validation Setへ分割

　ラベル付き学習データをTrainが約9000枚、Validationが約1000枚に、学習後の予測偏りを防ぐため各クラス40枚前後で等しくなるよう振り分けました。

　また、その振り分けは複数セット（fold）作成しました。ValidationとTestのAccuracyを比較し、その開きの少ない1foldを選択します。

● 複数のリサイズを試行し、299×299を採用

　CNN層はさまざまな画像サイズに対応可能です。また、kerasでは全結合層有無それぞれのImageNet学習済み重みファイルが提供されています。今回は150×150、224×224、299×299の3サイズで試行し、299×299を選びました。

● 学習時のRealtime Data Augmentation

　CNNによる深層学習で、画像の水増し（Data Augmentaiton）は精度向上に重要ですが、パラメータは感覚により決定されることが多いです。今回は、100枚程度のTraining Setを取り出し、ある単独のAugmentationパラメータへ3～4種類の候補値を設け（例: `rotation rage={0,20,40,60}, shear range={0.0,0.1,0.2,0.3}` など）、Trainingを10～20epoch実行し、最もValidation Accuracyが改善した値を各パラメータの適切値とみなし、それらのパラメータを組み合わせ、選定しました。

　実際の学習時Augmentationには、kerasのImageDataGeneratorを使用しました。ImageDataGeneratorは、パラメータ指定で、簡便にRealtime Data Augmentationが行えます。

● Pseudo-labelling and knowledge distillation

　1万枚のラベルありデータとともに、5万枚のラベルなしデータが提供されました。ラベルなしデータは、一般に半教師あり学習（semi-supervised learning）として、ラベルありデータと併用できます。fast.ai（2016） lesson 4および7（http://www.fast.ai/）を参考に、Pseudo-labelling and knowledge distillationを実施しました。

▶ 単独／アンサンブルモデルの試行錯誤

使うモデルの試行錯誤を見てみましょう。

● Keras標準提供のImageNet学習済みモデルを使用

単純なCNNの学習と、先述のさまざまなImageNet学習済みモデルのfine-tuningを試しました。他にも試しましたが、十分な精度に至らず最終モデルには含めていません。

● 各モデルは学習済みCNN層をベースに、出力前のPooling層／全結合層を再定義

具体的には次の3種類の学習済みモデルを、次の条件で使いました。

- InceptionV3
    - 8x8 Average Pooling層/ Dropout/ Flatten
    - 全結合層(25 class/glorit_uniform初期化、L2正則化)、softmax
- XceptionV1
    - Global Average Pooling層/ Dropout
    - 全結合層(25 class/glorit_uniform初期化、L2正則化)、softmax
- ResNet50
    - Global Average Pooling層/ Dropout
    - 全結合層(25 class/glorit_uniform初期化、L2正則化)、softmax

● 上記を単独モデルをベースに下記の手順で進めた

まず、InceptionV3で、ラベルありデータのみを使い学習します。次に、下記のようなPseudo-labelling and knowledge distillationというラベルなしデータの活用方法を使いました。

- ラベルなしデータに、InceptionV3による学習済モデルで予測確率／仮ラベルを付与する
- ラベルありデータに、仮ラベルデータを3分の1〜4分の1程度、混ぜ合わせる
- InceptionV3/ ResNet50/ Xceptionで、複数ハイパーパラメータを変えながら、複数モデルを作る

最後に、作成したモデルをアンサンブルし、最終予測を生成しました。

アンサンブルには、Test-time Augmentation(TTA)なし、6モデルのsoftmax出力(150変数)に対する全結合1層 + Softmaxを採用しました。

採用6モデルは、図示の通り、異なった特色を持ちました。

■ SECTION-006 ■ 画像認識コンペの世界を覗く

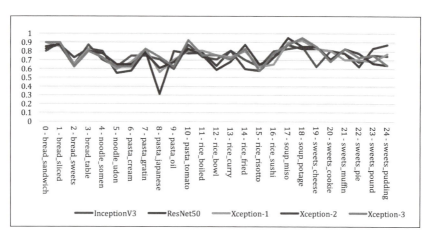

アンサンブルにおいては、異なった特色を持つモデルを組み合わせた方がパフォーマンスが良いとされます。

- 不採用のアンサンブル手法

Blending以外のアンサンブル手法もいろいろと試してみました。

- 複数cropによるVoting(https://arxiv.org/pdf/1602.07261.pdf)
- 上左右、下左右、真ん中(5) x 左右flip(2)の10 cropsとvoting

しかし、Xception単独のfine-tuning結果(77%)に対して、改善は見られませんでした。

手法	結果
598×598から299×299をcrop	67%
449×449から299×299をcrop	73%
条件付きVoting(ルールベース)	改善せず
Test Time Augumentation	改善せず

▶ 出力の試行錯誤

出力では、アンサンブル結果をコンテストに提出し、その精度の変化を見ながら、過学習のないエポック数を探しました。

アンサンブルの学習には1000枚前後の学習に用いず残しておいた未知のデータ(hold out)しか使えません。最終はepoch数を手動で変え、提出結果のテストデータ精度を確認、最も高くなったepoch数での結果を最終モデルとしました。

予測モデル構築時の工夫

さらにハイパーパラメータを変えながら、各モデルの予測結果を比較し、傾向を把握しました。また、試行錯誤にあたって、運用を効率化するための方法をいくつか盛り込みました。

▶ ハイパーパラメータのチューニング

ハイパーパラメータのチューニングは、時に「ハイパーパラメータガチャ」と揶揄されます。その課題やモデルごとに最適なものが異なり、それを探すのに一定の時間を費やすことになります。

ハイパーパラメータを変えては学習を回し、序盤のlossの下がり具合、一定epochを経過したあとの最良epochなどを比較し、次のパラメータを設定し、また回します。1回の学習を20〜30epoch程度、待つと、6時間程度かかります。夜寝る前に回しては、寝床でslackのlossを見ながら寝落ちし、朝起きてセットしては、ランチタイムにそっと開く。といったことを繰り返しました。非常に難しい育てゲーをやっている気持ちになってきます。

各CNNモデルの精度はハイパーパラメータの設定により少なくとも2〜3%程度は上下します。場合により学習が収束しないこともあります。

パラメータ	採用条件
Optimizer	SGD
学習率	0.01〜0.0004で順次減少、Momentum=0.9
Dropout	0〜0.5の間でモデルごとに選択
L2正則化	0.01〜0.005間でモデルごとに選択
バッチ正規化	各モデルCNN層プリセットに加えて、全結合層、アンサンブルにおいて試行

Optimizerは、SGD、Adam、Adagrad、RMSpropなどを試行し、今回は、SGDでの学習率固定、または学習率スケジューリングが安定した収束を示しました。自動で早期終了は行わず、一定のepoch(20〜40)実行のあと、目視でベストepochを選択(ハンドピック)しました。

Dropout／L2正則化／バッチ正規化(batch normalization)は、過学習防止や、学習高速化のための仕組みです。

▶ 予測結果、モデル特徴や傾向把握

学習が進むにつれて、またはモデルにより傾向が異なります。下記により傾向をつかみ、必要な対策をとりました。

● ランダムにサンプリングをして画像を描画

Jupyterノートブック上に描画し、どういった画像が実際に誤って/正しく判定されているか確認しました。

● 各カテゴリと予測された枚数をもとに予測偏りの確認

次に本来400枚程度ずつ分散していると思われるテストデータ予測結果に、各モデルどの程度偏りがあるか、またその補正を試みました。

混同行列の確認

Validation setの予測からどういったペアで分類の取り違えが起こりやすいかを確認し、その補正を試みました。特に次の取り違えが多く観察されました。

- 2 bread sweets/ 3 bread table
- 4 udon / 5 somen
- 6 pasta cream/ 8 japanese/ 9 oil
- risotto / udon（リゾットをうどんと判定）
- 18 soup potage/ 24 sweets pudding（プリンを間違えてポタージュと判定）

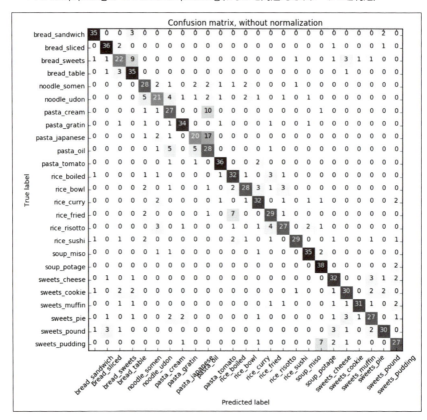

適合率、再現率、F尺度

正解率（accuracy）だけでなく、適合率（precision）、再現率（recall）、F尺度（F-measure）を確認することで、分類の傾向を確認しました。

▶ システム運用の工夫

　共用インスタンスを公平かつ効率良く利用するため、下記の仕組みを導入しました。

● 画像、weightsデータの途中保存

　再利用を考慮し、Python bcolzライブラリを用いて、主に画像のリサイズ、アンサンブル前のsoftmax出力について、作業中のnumpy.arrayを保存しました。特に画像はディスク容量削減のため、uint8形式を基本としました。

　また、一部CNN層を凍結したfine-tuningでは、凍結層までの出力をあらかじめ保存し、残りのCNN層や全結合層を高速で学習させました。ただし、今回は途中まで凍結させるパターンで得たモデルは最終採用しませんでした。

　Kerasのcallbackを用いて、学習中の途中経過のweightsはhdf5形式、Train accuracy/loss、Validation accuracy/lossの経過をcsv形式で保存しました。

● slack連携監視

　シェルスクリプト（ nohup ｛スクリプト｝ ＆ 実行による常駐）による学習ログ、nvidia-smi出力（GPUメモリ占有状況）のslack通知を行い、適切なタイミングでエラー対応、次の作業をできるようにしました。

● 各モデル学習、および予測に要するメモリの概算および検証

　マシンを共用するため、限られたGPUメモリしか使えない状況が発生しました。そのため、各モデルの必要メモリを概算、実起動により検証しました。たとえば、予測には、**｛モデルのパラメータ数｝*8*｛バッチサイズ｝** bytesがおおよその必要メモリでした。

● Jupyterノートブックの活用

　Jupyterノートブックの導入によるLiterate computing（https://osf.io/h9gsd/）で、実施作業の記録、反復を効率良く行えました。

コンテスト結果

　Public LBでは一時3位につけるも、最終78.947%（暫定6位）、その後、Private LBで10位。精度10位、アイデア部門1位となりました。

予測結果から得られる示唆

ここまでの試行錯誤と結果から、どのような示唆が得られたでしょうか。

▶ 得られた示唆

予測精度は、ベースのモデル、ハイパーパラメータの調整、アンサンブルがそれぞれ効果を示し、予測時のテクニックは効果を示しませんでした。

- **ベースとなるCNNのモデル選択が、10%単位での精度を決定する**
  ラベルありデータのみの学習で VGG16 60%／ InceptionV3 72%／ Xception 75%程度と精度が向上しました。

- **ハイパーパラメータチューニングが数%の精度を左右する**
  Dropout、L2正則化のチューニングを行い、相応の結果を得ました。

- **最終数%の精度向上にアンサンブルなどが効く**
  ラベルなしデータの活用やアンサンブルにより、精度の向上が見られました。

- **予測時の複数回試行と平均化は効かなかった**
  今回のタスクにおいては、次の試行は精度向上に結び付きませんでした。
  - Test-time augmentation(TTA)：最終モデルに対して、それぞれ20回、70回の画像の水増しをkeras ImageDataGeneratorを用いて行い、各画像の水増しに対するsoftmax値平均を試行したが、予測精度は変わらない(20回)か、1%程度、低下(70回)した。
  - Cropping and voting：途中の単独モデル(InceptionV3)に対して、499x499から299x299を10枚切り出し、予測の多数決を取るなどを行ったが、逆に予測精度は低下した(77%→67%)。
  - Cropping and averagingは実施していない

▶ 仮説

予測モデルを構築する上では、下記の仮説のもとで進めました。

- ブログなどにVGG16のfine-tuning記事が多く見られるが、精度面ではより新しいモデルが勝る
- さらなる精度向上にアンサンブルが使える
- 精度を競い、収束速度は大きくは競わないため、SGDで着実に学習を進める
- 論文だけでなく、Kaggle、fast.aiなどで実務的な情報収集が重要
  - knowledge distillation + pseudo labellingなど、実務的な方法を採用できた
  - numpy.arrayの途中保存、CNN層／全結合層を分けた学習など、検証を高速に回す方法が採用できた

試行錯誤はありましたが、概ねそれらは合っていたといえます。

まとめと発展

　いかがでしたでしょうか。実は「https://signate.jp/competitions/31/summary」の「料理分類部門 最高精度賞」で、優勝したモデルの詳細が公開されています。ラベル付き画像のみを用いて学習し、31個のモデルをアンサンブル、83.2%の精度を達成しました。

　コンペの期間中、勘違いや、見込み違いも多くありましたが、そうした思考プロセスも含めて書き下してみました。コンペ参加は、課題設定やデータセットの準備などをスキップし、いきなりモデル選びやチューニングに入ったところから始まります。そのため、仮説と試行のサイクルを回し、それが大きな学びにつながります。**次は皆さんの番です！　ぜひKaggleやSIGNATEの練習問題、またはコンペにチャレンジしてみてください。**

　実際の課題では、下ごしらえ＝目的、課題、それにデータセットの準備などが必要です。次節では、そうした現場での活用に必要なことを取り上げます。

SECTION-007

機械学習活用の流れ

　機械学習に共通の流れを概観します。表形式の数値、画像など入力するデータの種類によらず、機械学習は一般に次のステップで進めます。

- 目的と課題を具体化する
- MVPを考える
- データセットを準備する
- モデルを選び、条件を決める
- 学習、評価、チューニングを繰り返す

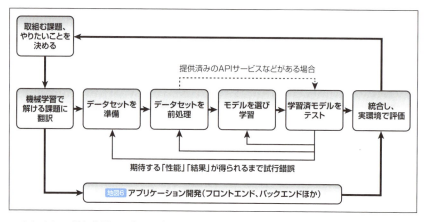

　それぞれの詳細を見ていきましょう。

目的と課題を具体化する

　仕事、趣味など、さまざまな形の機械学習プロジェクトがあります。たとえば**「主力A製品の生産を効率化する」**という仮想の製造業プロジェクトを考えましょう。

　企業は存続するため、利益を生み出す必要があります。もちろん、将来の価値を高めるため、利益を重視しないフェーズのスタートアップ企業もありますが、今回は一定成熟した企業を考えましょう。収益とコストの差し引きで利益は生まれます。今回はコスト削減、または生産量増による収益増のための「主力A製品の生産の効率化」です。

　次に何段階か深掘りし、具体化します。「主力A製品の生産の効率化」のため、製造プロセスの中の「検品プロセスを自動化」がボトルネックだとします。まだ新製品のため生産品質が安定せず、検品作業の大半を占めるのが「製品の傷を自動で見つけ、最終出荷品から外す」ことだとします。

- ゴール：注力A製品の生産効率化
- 具体化1：検品プロセスを自動化する
- 具体化2：製品の傷を自動で見つける

機械学習で解けそうな課題まで具体化できました。この「機械学習で解けそう」とは、どのようなレベルを指すのでしょうか。

- 期待する出力
- 用意する入力
- 入力から期待する出力を得るための処理
- それらの実行可能性

これらが具体的に挙げられるかが試金石です。もう一段階、深掘りします。「製品の傷を自動で見つける」ために、「製品の画像を準備・入力」「傷があるかを判定」「結果を出力」する必要があります。そして、出力に応じて「最終製品から除外する」ことも必要です。この「傷があるかを判定」という処理に機械学習が使えるかもしれません。では、入力の収集、出力の活用は実行可能でしょうか。傷の発生頻度はどの程度でしょう。そうしたシステム全体に気を配る必要があります。

まとめてみましょう。

- 期待する出力：傷のある製品を最終製品からはじく
- 用意する入力：製品の画像を一定間隔で撮影して使う
- 入力から期待する出力を得るための処理：入力画像の各製品に傷があるかを判定する
- それらの実行可能性
    - 入力：カメラの設置可否、撮影タイミングの制御
    - 出力：傷のある製品が見つかったら、ラインを止めて手動で取り除く
    - 処理：傷の有無を判定する画像用の機械学習モデルは作れるか

実行可能性は評価の必要があります。ですが、すべてが揃うと仮定したら目的が達成できそうです。ただ、このように深掘りを進めると、下記となるケースもあります。

- 機械学習以外の方法で解決する
- 入出力とその活用まで考えると現実的でない
- 課題設定自体が不要

たとえば、傷の発生は時限的なもので、上流工程の改善で無視できる頻度に抑えられるかもしれません。**「とりあえず溜まっているデータを活用して何かできないか」**など、**用意できる入力から考えてしまうなど手段が目的化すると起きがちな問題**です。機械学習部分に良い結果が出たものの、適用時にはもともとの課題が消えている、または本来目的に寄与しない悲しい結果となります。**早い段階で気付き、先へ進まず中止することも検討の成果**です。こうした手段の目的化への注意は、機械学習に限ったことではありません。以前よりあった、業務にITを導入するプロジェクトと共通の視点です。

MVPを考える

プロジェクトの開始時、「製品の傷を自動で見つけたら、ラインを自動で止め、製品を自動で取り除く。すべて自動化してしまおう」という夢のゴールを立てたくなるかもしれません。ですが、ひと息置いて立ち止まってみます。挙がった自動化、システム化の要素は、本当にすべて必要なものでしょうか。

機械学習適用は、不確定要素の高いプロジェクトです。そのため、試行錯誤を繰り返す必要があります。試行錯誤を高速で回すために、プロジェクトの実行可能性を検証するのに、最低限必要なのものは何かを考えます。これを**MVP**（Minimum Viable Product）、実用最小限の製品といいます。MVPを作る、それを試す、失敗などの学びを得る、MVPを修正する、を繰り返します。そうしたスパイラルアプローチで段階的に仕様や機能を追加し、最終構想に近づけていきます。

この考え方は、仕事のプロジェクトだけでなく、趣味のプロジェクトでも重要です。「こんなものを作りたい!」と、壮大な実現像を描いてしまいがちですし、それは悪いことではありません。しかし、すべてを一気に作ろうとすると、その準備や検討に時間がかかり、いつまでも作業に取り掛かれない、そのうち、やる気を失ってしまう、ということがよく起こります。同じく稼働する最小限のプロジェクトを定義してみましょう。そしてすぐに手を動かし、作り始めてみます。すると小さな完成を喜ぶことができます。そして気付いた点を足していきます。モチベーションを保ち、スパイラルアプローチで目的の姿に近づけられます。

▶ 既存のサービスや手法が使えないか調べる

設定した課題が、世に提供されたサービスで解けるなら、それを使うのが近道です。一般に、早ければ**半年から1年で、論文などの公開実績のうち、プロダクト化可能なものが世に出ます**。たとえば画像分類でも、機械学習APIサービスが多く公開されています。画像分類の場合、2012年から2015年にかけて飛躍的に精度が高まったImageNet学習済みモデルを特徴抽出に用い、そのファインチューニングにより少ない枚数の画像の準備で目的の分類を行えるサービスがすでにあります。

機械学習の既存サービスを使う場合、多くがAPI形式、従量課金などで公開されていています。それらでPoCを行い、目的の精度、出力、コスト対効果が得られるか検証します。

さて、既存サービスが使えそうなら、その操作方法のみ習得すればよいのでしょうか。たとえば、今回の傷を見分けるタスクで、傷あり、傷なし画像を100枚ずつ準備し、機械学習APIサービスで傷有無を見分けられるかモデルを作成したとします。しかし、求める性能が90%の精度に対して、結果が70%であったとしましょう。

既存の手法や解ける課題の知識がないと、何ができて、何ができないのか想像できません。このAPIサービスで目的の性能がでない場合、次の方策が打てません。後続の節で幅広い既存の手法や解ける課題の知識を身に付けましょう。また、もう1つ重要なのは、**最初の課題設定時、幅広い手法や解ける課題の知識をもとに実行可能性をイメージできるかが、プロジェクトの成否を握る**ということです。機械学習APIサービスは、あなたにテーラーメイドされたものではなく、一定のまとまったニーズがないと、サービス化されません。

既存サービスが使えない場合は、類似の課題がどのように論文、世の中の事例で解決されているかのリサーチを行い、候補となる入力、処理を独自に定義します。その上で、次以降のステップを踏むことになります。

データセットを準備する

今回の課題で考えるのは、次の2つです。
- 用意する入力：製品の画像を一定間隔で撮影して使う
- その入力は得られるのか：カメラの設置可否、撮影タイミングの制御

データセットは新たに用意するのか、そのラベル付けなどは必要か考えます。今回の例では、自分自身の解く課題に対して、データ収集から始めなければならないでしょう。検品をするとしたら、公開のデータセットではなく、特定の商品の「傷のある画像」「傷のない画像」を集める必要があります。

一般的な課題に対する実験やベンチマークなら、膨大なデータセットが公開されています。たとえば、**arXivTimes**(https://github.com/arXivTimes/arXivTimes/tree/master/datasets)には、さまざまな分野のデータセットがまとまっています。

また、**データセットの有無だけでなく、権利も注意が必要**です。利用条件は定義されているでしょうか。学習で得られるモデルの扱いはどうでしょう。国や地域ごとに扱いが異なるケースもあります。ビジネス活用においては、信頼のおける知財の専門家への相談が必要です。

モデルを選び、条件を決める

今回の課題で考えるのは、次の2つです。
- 入力から期待する出力を得るための処理：入力画像の各製品に傷があるかを判定する
- 処理の実行可能性：傷の有無を判定する画像用の機械学習モデルは作れる

行いたい予測や推定に適したモデルは何でしょうか。研究の最先端では、日々、新たなモデルや、新たな既存モデルの組み合わせが提案され、解けるタスクや精度が増していきます。安定した結果を望むなら、実績が多く報告された少し前のものでもよいでしょう。一定の試行錯誤・チューニングが許容されるなら、最新のものを試してみてもよいでしょう。学習の実行においても、データセット同様、公開されているコード資産の利用には注意が必要です。掲示されているライセンスを遵守しましょう。

学習、評価、チューニングを繰り返す

データセットやモデルの性質に応じて最適なパラメータを探します。参照できる資料があれば、実績をもとにハイパーパラメータを決めて実行してみましょう。学習が進むでしょうか。まったく進まないでしょうか。ここから試行錯誤を重ね、期待の課題が解けるまでチューニングを続けます。完成したものを使ってPoCを行い、目的の精度や出力が得られるか検証します。目的に足りない場合はチューニングやモデル選択に戻り、目的のレベルに達するまで繰り返します。

実環境で評価する

今回の課題で考えるのは次の点です。

- 期待する出力：傷のある製品を最終製品からはじく

目的の精度や出力は得られたでしょうか。さて、それを実際に活用するためには、実験室で設定した「入力」の取得、「出力」の活用が、システム全体として動くか、また、それが安定して使い続けられるか、といった観点で確認します。ただし、通常のソフトウェア品質の担保とは異なる新しい考えの導入も必要といわれています。そのために機械学習工学という分野も芽吹きつつあります。

機械学習用のアーキテクチャや運用

実環境での評価に、機械学習モデルとともに重要なアプリケーション開発の部分について、もう少し深掘りしてみましょう。どのような観点が必要でしょうか。

- クラウド
- ネットワーク
- デバイス

また、動作する場所は、クラウドかデバイスかを問わず、下記の考慮が必要です。

- 言語、フレームワーク
- ハードウェア

順番に見ていきましょう。

▶ クラウド／サーバー

仮想マシン（VM）またはコンテナをクラウド上に構築し、その上で学習を行う、というのは一般的です。さらにAWS Sagemaker、Azure Machine Learning Services、Google CloudMLなどのMLaaS、機械学習のためのパイプラインが整ってきました。DevOpsから着想した、**MLOps**（機械学習のオペレーション）という言葉で、プロトタイプレベルから、いかに商用規模にスケールさせ、かつ安定して運用するかの視点が語られます。入力に対して、期待する出力を、ある水準で返せるモデルを準備するだけではなく、継続的にそれを運用する、再学習を行う、規模を拡大するためにどうするかが必要です。

なお、一部の産業適用では、クラウドではなく自社データセンターや、各拠点にオンプレミス型サーバを構えるケースもあります。

▶ ネットワーク

クラウドと、次のエッジをつなぐのがネットワークです。クラウド上で処理することで発生する遅延や、通信コストとのトレードオフから、エッジでの機械学習適用が検討されています。ネットワークとしての最適化は5Gへの切り替えで進みます。

▶ エッジ

　さまざまな機器側で機械学習処理を行うことを、しばしばクラウドと対比してエッジで処理をするといいます。一般に、エッジ側はクラウド／サーバー側と比べ演算能力は貧弱ですが、データの発生する場所に近く、低遅延、分散型で処理を行える利点があります。エッジ側の活用にあたっては、モデルの軽量化、配信と更新が研究されています。エッジ側機器の例としては、スマートフォンマイコン・組み込み機器などが挙げられます。コンピュータ上のブラウザなども広義ではエッジといえるでしょう。

　スマートフォンは、ARM社が提供するアーキテクチャに沿ってハードウェアが設計されているものが多くあります。SoCと呼ばれるチップ群があり、その中にGPUがあります。もともとリッチな映像／画像処理のために搭載されていますが、深層学習モデルの演算にも活用できます。近年、iOS、Androidそれぞれでモデルの軽量化や、ハードウェアの性能を引き出すためのライブラリが発表、更新されています。モデルの配信・管理の仕組みも、Google社の**Firebase**をはじめ提供されています。

　スマートフォン以外の機器へのモデル実装の仕組みも整いつつあります。それらには組み込み機器と、LinuxベースのOSを持つものがあります。従来、計算資源は貧弱で、リアルタイムでカメラ入力をもとに推論するなどの用途には耐えません。そうした用途へ、後述の通りハードウェアとしてのアプローチがあります。

　PCのブラウザ上で稼働させる例もあります。167ページでも取り上げる**TensorFlow.js**や、そのラッパーである**ml5js**、**Magenta.js**は、クラウド側の力を借りず、ブラウザ上のみで推論を行います。

▶ 言語、フレームワーク

　使用言語は、各種機械学習ライブラリの豊富さからPythonが注目を集めています。ですが、商用サービスへの適用では、処理のオーバーヘッドを小さくするためにC++や他の言語での実装も行われます。また、167ページで触れるように、ブラウザ上のJavaScriptで一定の性能で動かす仕組みもあります。

　深層学習フレームワークは、TensorFlow、PyTorch、日本国内ではPFN社のChainerが挙げられます。本書ではTensorFlowを中心に取り上げますが、近年各フレームワークの実装の方法は相互に似て来ました。既存のコードの改変程度であれば、用途に応じた複数フレームワークの使い分けも不可能ではありません。

▶ ハードウェア

現在は、NVIDIA製GPUを使った学習、推論が主流です。深層学習用のGPUは、現状NVIDIA社の独占状態です。AMD社他もGPUの生産は行い、ゲーム・グラフィックアクセラレータ分野では健闘しています。数値計算は、初期のライブラリ充実度から、現状の差が生まれています。

また、さらなる性能改善、コスト削減が試みられています。FPGA、ASICといったハードウェアレベルでの高速化、最適化です。下表にCPU、GPU、FPGA、ASICの違いをまとめました。

種別	特徴
CPU	複雑な命令、逐次処理が得意
GPU	単純な命令、並列処理が得意
FPGA	用途に合わせた命令カスタマイズ、高速な処理、変更可能
ASIC	用途に合わせた命令カスタマイズ、高速な処理、変更不可

クラウド側の適用としてはどうでしょうか。現状も主流はNVIDIA製GPUですが、FPGA、ASICの活用がすでに始まっています。Microsoft社は、自社の検索エンジンであるBingのサーバー側処理にFPGAを適用しています。深層学習用ASICとしては、Google社がTPUの開発で先陣を切りました。

それらのエッジ側機器のハードウェアとしてはどうでしょうか。GPUとしてはNVIDIA社はJetsonを発表し、TX1、TX2の2世代の機器が市場にあります。Jetson Nanoが2019年6月に出荷予定です。FPGAは、用途に応じて回路を書き換える強みを生かし、組み込み機器のプロトタイピングに活用されています。ASICとしては、Google社からクラウド側でのTPU適用に続き、Edge TPUが発表され、Coral Edge Acceleratorという名前で2019年3月から実チップの出荷が始まりました。

まとめ

一般的な機械学習を活用するプロジェクトの流れを見てみました。機械学習プロジェクトというと、どういう性能のモデルが得られるか、データセットは、といった部分がフォーカスされがちですが、ITプロジェクト全体として生む効果を意識することが重要です。

前節までの、主にこの中の機械学習を適用する部分の試行錯誤やその舞台裏を踏まえ、それを包む機械学習活用の実際のイメージが湧いたでしょうか。次章以降は、幅広い手法や解ける課題の知識をもとに実行可能性をイメージできるようになるため、さまざまな分野で今何がどこまでできるか、を動かしながら習得します。

CHAPTER 03

さまざまな事例を
実践してみよう

SECTION-008
数値・表形式のデータを使った機械学習を試す

数値・表形式のデータを使った機械学習をColaboratoryで学んでみましょう。数値・表形式のデータを扱うときの入力とは何か、よく扱われるタスクや対応するモデルの種類は何かを、動かしながら身に付けます。ここからの第3章には26のハンズオン（実行しながら学べる事例）が紹介されています。**ビュッフェ形式で好きなテーマ、興味があるテーマをつまみ食いしながら、行きつ戻りつ楽しんでください！** 幅広くテーマを取り上げたため、各項目で初出の概念、技術がある可能性があります。ですが、まず動かし、体感することを優先してください。その後、1つひとつ理解を深めましょう。なお、Colaboratoryの詳しい操作方法については、第4章を参照してください。

概要

数値・表形式のデータを扱う機械学習を取り上げると、それだけで1冊の本になってしまいます。幸い深層学習全般よりも歴史があり、日本語でも良著、オンラインのチュートリアルに恵まれています。ここでは東大で提供される講座を中心に、独学に適したリソースを紹介します。

▶入力

基本的に、表形式のデータが準備されます。

実世界のデータでは、各カラムの値が欠損している場合もあります。または、分析に適するよう、集計や平均化などの計算が必要なこと、joinなどの処理が必要なこともあるでしょう。一般に、こうしたデータクレンジング、前処理プロセスを経て、分析に使える表形式のデータが手に入ります。

▶モデル

ある値を予測する基本としては線形重回帰があります。0/1を分類するロジスティック回帰。決定木やRandom Forest。データ分析コンペでは盛んに勾配ブースティング木が使われており、xgboost、LightGBM、catboostなどのライブラリ実装が知られています。

▶出力

代表的な出力としては、下記が挙げられます。

- 教師あり
  - 分類
  - 回帰
- 教師なし
  - クラスタリング
  - 次元削減

▶その他

数値データの分析には、プログラミング言語として、RやPythonが使われます。

Pythonでは、numpy、scipy、pandasといったライブラリがよく使われます。加えてscikit-learnには、基本のモデルが準備されており、数行で学習させられます。

本書では取り上げませんが、数値データを取り扱うときは、R言語も良い選択肢です。2010年代は、Hadley Wickam氏の手がけるTidyverseと呼ばれるライブラリ群が整備され、エンジニア以外にとっても、データの前処理や可視化が非常に扱いやすくなりました。

東大松尾研データサイエンス講座に取り組む

東大松尾研がJupyterノートブック形式のデータ分析講義資料を公開しています。データ分析だけでなく、Pythonの初歩から機械学習全般の基礎を身に付けるまでのとても良い教材です。ノートブック上での概念の説明と、コードが対応付けられており、学習を進めやすくなっています。

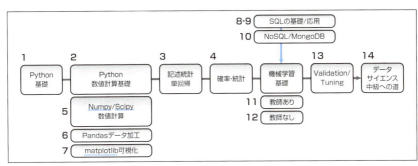

講座は、次の章立てで構成されています。「Chapter 1」の内容を見てわかる通り、Pythonのプログラミングにはじめて取り組むところから、統計や機械学習用のパッケージ、データベースの活用に至るまで網羅的に学ぶことができます。

- 1. データサイエンティスト講座概要とPythonの基礎
- 2. Numpy、Scipy、Pandas、Matplotlibの基礎
- 3. 記述統計学と単回帰分析
- 4. 確率と統計の基礎
- 5. Pythonによる科学計算の基礎（NumpyとScipy）
- 6. Pandasを使ったデータ加工処理
- 7. Matplotlibを使ったデータ可視化
- 8. データベースとSQLの基礎
- 9. データベースの応用（高度なSQL処理と高速化）
- 10. ドキュメント型DB（MongoDB）
- 11. 機械学習の基礎（教師あり学習）
- 12. 機械学習の基礎（教師なし学習）
- 13. モデルの検証方法とチューニング方法
- 14. データサイエンティスト中級者への道
- 15. 総合演習問題

▶講座の取り組み方

以降の手順は、読者がGoogleアカウントをお持ちでGoogleドライブを使われていること、また、スマートフォンで実行する場合は、さらにChromeブラウザがインストールされていることを前提としています。ただし、「Chapter 8」(データベース操作)は、データベースをセットアップしなければ試すことができません。Colab上で実行することも不可能ではありませんが、手順が複雑であるため、ここでは割愛します。

●教材のダウンロードと解凍

東京大学松尾研究室の「グローバル消費インテリジェンス寄附講座演習コンテンツ 公開ページ」(http://weblab.t.u-tokyo.ac.jp/gci_contents/)から、教材をダウンロードします。次にダウンロードした `weblab_datascience.zip` を解凍します。すると `chapters` フォルダ下に、下記のような17個のファイルが作られます。

- README.md
- ChapterX_ver2.ipynb(Xは、1-15の連番。9のみ2ファイルあります)

●教材のGoogleドライブへのアップロード

これらのファイルを、自分のGoogle Driveへアップロードします。Googleドライブ(https://www.google.com/drive/)を開き、適当なフォルダ(`gci_public_notebooks` など)を作成します。そこへ、上記17ファイルをアップロードします。

●Colaboratoryの起動

Googleドライブ上で、たとえば `Chapter1_ver2.ipynb` をダブルクリックします。上部に表示された `Open with` プルダウンから `Colaboratory` を選択します。するとColaboratoryが立ち上がります。

●学習開始!

ここからはノートブックを読み進めつつ、実行します。Colaboratoryの操作方法は58ページや第4章を参照してください。下記のようなソースコードは、セルを選択し、左上の再生ボタンを押す、またはShift + Returnキーで実行できます。

●スマホから使う(オプション)

このノートブックはスマートフォンからも開くことができます。これを使って、移動中や隙間時間に学習を進めることができます。

iPhone/AndroidいずれかのChromeを使い、Google Colaboratory(https://colab.research.google.com/)を開きます。デスクトップとは異なり、スマートフォン版Googleドライブアプリから Colaboratoryを直接、開くことはできないことに注意してください。

Colabが起動したら、「ノートブックを開く」選択画面から、「GOOGLE ドライブ」タブを選択するか、メニューの[ファイル]→[ノートブックを開く]から同様に操作します。次に `Chapter2` などのファイル名に含まれるキーワードで検索し、該当の.ipynbファイルを開きます。

あとはデスクトップと同様に操作し、学習を進めます。

まとめと発展

　実際にデータ分析コンペを少し味見してみるのが一番です。Kaggleでも、英語で気後れする必要はありません。日本人のコミュニティがあるので怖くありません。今や日本有数のデータサイエンス・コミュニティといえる**Kaggler-ja Slack**（http://yutori-datascience.hatenablog.com/entry/2017/08/23/143146）は、開始から1年半で参加者数が5000人に迫ります。

　kaggler SlackによるWikiも始まり、過去ログもアーカイブされています。強いKagglersが、日本語で答える知見満載のログを読むことができます。Slackでは、初心者有志でコンペを行うなど、今後の展開が楽しみです。

　また、@upura氏によるQiita記事『Kaggleに登録したら次にやること』（https://qiita.com/upura/items/3c10ff6fed4e7c3d70f0）は、非常に親切なKaggleチュートリアルです。実際にコンペに参加するところまで、Kaggleの操作方法だけでなく、データ分析の基礎まで理解を深めながら、ハンズオンでのガイドを提供してくれます。

SECTION-009

画像／映像を扱う深層学習を試す

　画像／映像を扱う深層学習をColaboratoryで試してみましょう。画像／映像を扱うときの入力とは何か、よく扱われるタスクや対応するモデルの種類は何かを、動かしながら身に付けます。なお、Colaboratoryの詳しい操作方法については第4章を参照してください。

■ 概要

　画像／映像を扱う認識4タスク、生成4タスクを用意しました。カテゴリレベルの認識は、一からの学習とファインチューニングを試します。学習済みモデルでインスタンスレベルの認識、映像の行動認識に挑戦します。生成はDeepDreamから最新のBigGANまで、一部は学習も挑戦します。それでは始めていきましょう。

●認識

種別	項目	データセット	モデル
学習／推論	衣服画像の分類	FashionMNIST	MLP
学習／推論	ファインチューニングによる画像分類	Kaggle Cats vs Dogs	MobileNet V2
推論のみ	DELFで特定物体認識	The Google-Landmarks dataset	DELF+feature match
推論のみ	TFHubで動画のコンテキスト認識	kinetics-400	I3D

●生成

種別	項目	データセット	モデル
推論のみ	DeepDreamで覗く不思議な世界	ImageNet	inception5h
推論のみ	いろいろなGANで画像生成を試す	CelebA HQ、LSUN Bedroom、CIFAR10	Various GANs
学習／推論	CycleGANで画像生成	ー	CycleGAN
推論のみ	BigGANで高精細画像生成	ー	BigGAN

▶入力

　「画像／映像」は、基本的には「数値の集まり」として扱います。コンピュータ上では、小さな点（ピクセル）が集まり、「画像／映像」を表現します。モノクロの場合の各点は、黒が0、白が255である [0,255] の間の1つの数字で表現されます。200ピクセル×200ピクセルの画像ならば、4万個の数値の列になります。

■ SECTION-009 ■ 画像／映像を扱う深層学習を試す

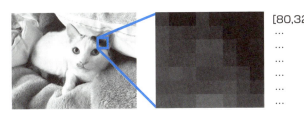

　カラーの場合の各点は、赤・緑・青（RGB）の光の重ね合わせで表現されます。そのため、各点は3つの数字 **[赤，緑，青] = [255，0，0]** で表現されます。200ピクセル×200ピクセルの画像ならば、その4万点分×3＝12万の数値の列になります。

　入力は、そのままの画像だけでなく、回転、平行移動などの変換をして、データセットの水増し（Augmentation）をします。たとえば、猫は画像の右寄り、上寄り、どこに写っても猫です。それらが同じと判定されるよう教え込んでいる、とも考えられます。

元画像　　　　　　　　　　データセットの水増し

　次は、これらの数値の列を渡すと、大量の足し算や掛け算を行うモデルの中身を見てみます。

▶ モデル

　72ページでは**多層パーセプトロン**（MLP）を取り上げました。「画像／映像」では、78ページで少し取り上げたように、主に**畳み込みニューラルネットワーク**（CNN; Convolutional Neural Network）が使われます。MLPとCNNでは何が異なるのでしょうか。

　ノード、パラメータ、活性化関数、順伝播と逆伝播、損失関数、オプティマイザといった要素は変わりません。ただし、モデルの構造が違います。MLPは、全結合層、活性化関数の層が何回も繰り返した構造をしています。一方、CNNは、畳込み層、活性化関数の層、プーリング層が何回も繰り返した構造をしています。

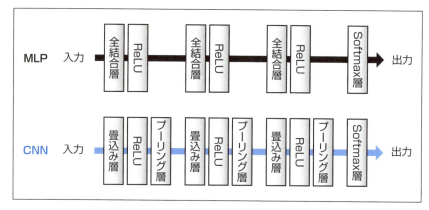

　全結合層は、前の層のすべてのノードが、次の層のすべてのノードに接続しています。畳込み層は、前の層の一部のノードが、次の層のフィルタに接続しています。しかもフィルタは広い範囲で共通のものを使います。それにより、データの形を保ったまま扱うことができ、対象が上下左右などに移動しても同じように認識できます。「Intuitively Understanding Convolutions for Deep Learning」(https://towardsdatascience.com/intuitively-understanding-convolutions-for-deep-learning-1f6f42faee1)のGIFアニメーションを見ると、より直感的に理解することができるでしょう。

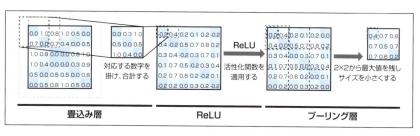

　CNNはこの構造により、最初の層から順に、単純な特徴からより抽象的な特徴を学習することができるといわれています。

　CNNにはさまざまなバリエーションがあります。78ページでも触れたように、VGG16、InceptionV3、ResNetについては、TensorSpace Playground(https://tensorspace.org/index.html)では、実際の構造やパラメータを可視化して見ることができます。最近では、ResNeXt、PyramidNet、軽量化したMobileNetなど新たな構造が出ました。畳込みの方法を変えたり、層間をバイパスする構造を入れたりと試行錯誤が行われています。

　一から学習することもできますし、ファインチューニング(fine-tuning)と呼ばれる転移学習方法で、事前学習をしたモデルを使い、短時間かつ少ないデータ量で、タスクに合わせたモデルを作ることもできます。

　こうしたCNNを部品として用いる、GAN、VAE(Variable Autoencoder)といった画像生成をするモデルあります。また、ゲームや囲碁などを行う強化学習も、CNNを部品として用います。強化学習については154ページで取り上げます。

▶ 出力

分類、識別は前章までに同じです。

ただし、数値データではあまり見られなかった生成という出力があります。「生成された画像」は、入力と同様、数値の列で表現されます。表示には、適切な画像フォーマットに戻し、レンダリングしてやる必要があります。

▶ その他

個人で深層学習を扱うときには、事前学習済みのモデルとファインチューニングをうまく使えると効果的です。Kerasでは、ImageNetで学習済みの主なネットワークが、1行で呼び出せるようにAPI化されています。

ファッション画像を分類する

Fashion-MNISTの衣服写真を分類します。Fashion-MNISTは、Zalando Research社が提供するスニーカーやシャツ、ブーツといった衣類の小さな白黒写真データセットです。10カテゴリ、7万枚を収録しています。これらを10種類に分類します。

下記のノートブックにアクセスします。

URL https://colab.research.google.com/github/tomo-makes/dl-in-a-sec/notebooks/blob/master/Basic_Classification_ja.ipynb

ノートブックは次のセクションから成り、**総実行時間は2分以内**とお手軽です。

- Fashion MNISTデータセットを準備する
- データセットの中身を見てみる
- 画像に対して前処理をする
- モデルを作成する
- 学習を進める
- 精度を評価する
- 新しい画像で推論を試す

▶ 入出力とモデル

画像と正解ラベルをペアで与える教師あり学習を行い、画像の入力に対し、モデルが正解ラベルを出力するよう重みを更新します。できたモデルに未知の画像を与え、結果を評価します。

■ SECTION-009 ■ 画像／映像を扱う深層学習を試す

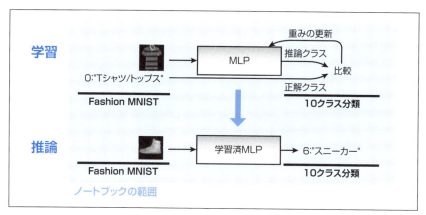

● 入力

28×28の2次元配列で与えられるファッション画像データ（Fashion MNIST）を、学習データ・テストデータに分けて使います。

● 出力

10種類のカテゴリから1つの候補を選び出す、多クラス分類です。

● モデル

MLPです。784の1次元配列へ変換（Flatten）します。その後、全結合層を2層挟みます。1層目は128ノード（活性化関数はReLU）、2層目は10ノードとします。出力層でSoftmax関数を使い、各クラスの確率を返します。Softmaxは、各ノードの出力の合計が1となるよう変換してくれます。多クラス分類では、出力層にそのカテゴリ数に応じたノード数を設けます。最も高い値（確率と呼びます）を出力するノードに対応するカテゴリを、分類の推論結果とします。

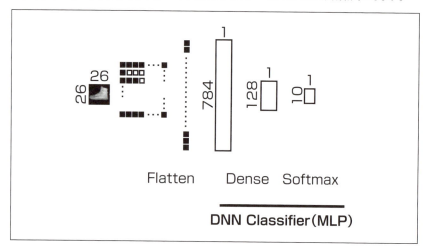

● その他のパラメータ

学習時の損失関数はsparse categorical crossentropyを用い、optimizerはAdamです。

▶ 試してみよう

すべての実行が終わったら、セルを追加して、下記を実行してみましょう。ここでは全結合層を2層から3層に、epoch数を5から10に、それぞれ増やしています。

```
model = keras.Sequential([
    keras.layers.Flatten(input_shape=(28, 28)),
    keras.layers.Dense(128, activation=tf.nn.relu),
    keras.layers.Dense(128, activation=tf.nn.relu),
    keras.layers.Dense(10, activation=tf.nn.softmax)
])
model.compile(optimizer=tf.train.AdamOptimizer(),
              loss='sparse_categorical_crossentropy',
              metrics=['accuracy'])
model.fit(train_images, train_labels, epochs=10)
```

これを試してみると、テストデータによる評価精度が87%から89%に改善しました。

このようにモデルやoptimizer、epoch数などを変化させ、どのように結果が変わるか確かめてみましょう。

転移学習で画像を分類する

TensorFlow 2.0 Previewのチュートリアルから、画像分類のファインチューニングを試してみましょう。下記のノートブックにアクセスします。

URL https://colab.research.google.com/github/tomo-makes/dl-in-a-sec/notebooks/blob/master/Transfer_Learning_ja.ipynb

ノートブックは次のセクションから成り、**総実行時間は30分程度**です。

- データの前処理
- 事前学習済みモデルの準備
- 特徴抽出
  - 畳み込み層の重みを凍結する
  - 分類用の層を追加する
  - モデルをコンパイルする
  - 学習する
  - 学習曲線を確認する
- ファインチューニング
  - モデルの最上層を解凍する
  - モデルをコンパイルする
  - 学習を続ける
  - 学習曲線を確認する
- このチュートリアルの学び

▶ 入出力とモデル

　ImageNet事前学習済みのMobileNetV2モデルを使います。画像と正解ラベルをペアで与える教師あり学習を行い、画像の入力に対し、モデルが正解ラベルを出力するよう、事前学習の重みをスタートに更新をかけます。そうしたファインチューニングで、より少ない枚数、学習時間で、より高い性能のモデルが得られます。できたモデルに未知の画像を与え、結果を評価します。

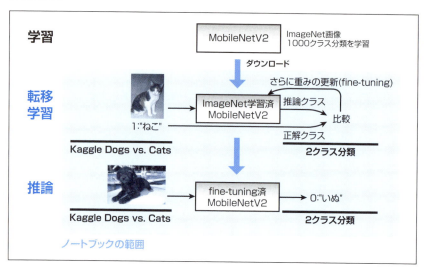

- 入力

　Kaggle Dogs vs Catsデータセット(https://www.kaggle.com/c/dogs-vs-cats/data)を学習データ・検証データ・テストデータに分けて使います。

- 出力

　犬か猫の2カテゴリから1つを選び出す、二値分類です。

- モデル

　MobileNetV2のファインチューニングです。MobileNetは、従来画像分類によく使われてきたVGG16・InceptionV3・ResNet50などのCNNと比べ、サイズや計算量が大きく抑えられています。そのため、スマートフォンや非力なデバイスで使うことができます。

　ファインチューニングのため、もともとの1000クラス分類用の出力層を、二値分類の用の出力層に変更します。前項と異なりSoftmaxは使いません。出力層1ノードの生の値が、正か負かで判定をします。

■ SECTION-009 ■ 画像／映像を扱う深層学習を試す

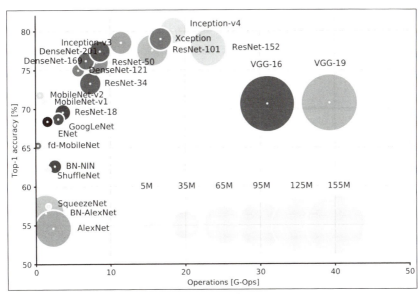

※出典 Neural Network Architectures – Towards Data Science
(https://towardsdatascience.com/neural-network-architectures-156e5bad51ba)

通常の畳み込みの代わりに、Depthwise畳み込みと1×1畳み込みを組み合わせ、計算量を削減しています。

▶ 試してみよう

このノートブックでは、ファインチューニングを行い、ImageNet学習済みのモデルを特徴抽出器として用い、ImageNet以外の画像を分類するのに用いる基本手順を学ぶことができます。事前学習により、畳み込み層は、すでにある程度は汎用的な特徴抽出ができるようになっています。そのため、ファインチューニングでの学習に使う画像の枚数は、比較的少量でも動作します。手元に他の画像データセットがあれば、試してみましょう。

DeepDreamで画像スタイルを変換する

DeepDreamは、その画像の不気味さから「AIが見る悪夢」と語られることがあります。画像の不気味でありながら妖しい美しさに、登場時、頻繁に取り上げられました。

下記のノートブックにアクセスします。

URL https://colab.research.google.com/github/tomo-makes/dl-in-a-sec/notebooks/blob/master/DeepDream_ja.ipynb

ノートブックがColaboratoryで開きます。このノートブックでは、Googleの事前学習済みInceptionV1を使い、サンプル画像、または、皆さんの好きな画像を使って、DeepDream画像を生成します。画像の面白さもさることながら、実行を通じてCNNモデルの中身に対する理解も進めることができます。

ノートブックは次のセクションから成り、**総実行時間は5分程度**です。
- モデルを読み込む
- 自分の好きな画像をアップロードして試す（任意）
- 使う画像を読み込む
- DeepDreamの実行コード
- DeepDreamを実行する
- 個々のノードを見る
- DeepDreamをかけながら画像にズームイン！
- Inceptionモデルの構造を見る

実行に当たっての注意が2つあります。
- ランタイムはPython2／GPUを使うこと（Python3ではエラーで停止する）
- ［すべてのセルを実行］とせず、［自分の画像を使う］［プリセット画像を使う］を選ぶ

▶入出力とモデル

ImageNet事前学習済みのInceptionV1モデルの、特定の層の活性化が最大になるような画像を生成します。

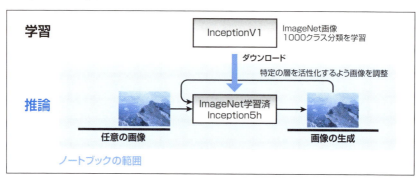

- 入力

　任意の画像を使います。

- 出力

　DeepDream適用後の画像です。

- モデル

　Inception5h（ImageNet事前学習済み）です。Inception5hは、InceptionV1（GoogLeNet）をベースとしています。GoogLeNetは下記の構造をしています。

※出典 https://arxiv.org/pdf/1409.4842.pdf

Inceptionモジュールが集まって、ネットワークを構成しています。

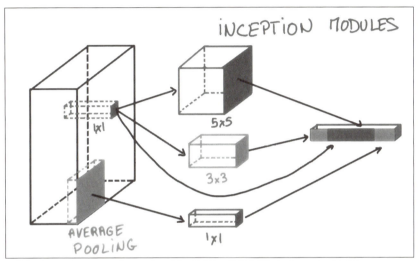

※出典 https://www.youtube.com/watch?v=VxhSouuSZDY Udacity Inception Module

中間層を1つ選び、その発火を強調させます。今回は5hという場所を選びます。

Distillには各層の特徴を可視化した論文『Feature Visualization』（https://distill.pub/2017/feature-visualization/）が公開されています。

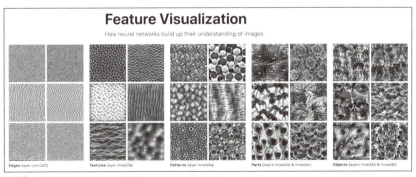

※出典 https://distill.pub/2017/feature-visualization/

それぞれ、単一のノード、チャンネル、レイヤー、クラスを判別するノードいずれかを最大化するような画像を生成してみます。DeepDreamは、下図の左から3番目のレイヤーの発火最大化を行うものです。

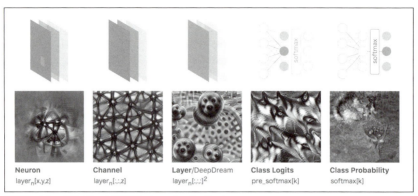

※出典 https://distill.pub/2017/feature-visualization/

▶ 試してみよう

「DeepDreamを実行する」では、スライダーを調整して、DeepDreamのかけ方の強さを変えられます。「DeepDreamをかけながら画像にズームイン!」では、連続して生成される画像に没入してみましょう。

気味が悪いだけかと思いきや、DeepDreamは、CNNの中身を理解するのに、良い教材でもあります。「Inceptionモデルの構造を見る」では、モデルをもう少し詳しく見て、レイヤーを可視化してみましょう。また、先ほど紹介したDistillの論文では、インタラクティブに各層の内容に触れることができます。

動画のコンテキスト認識を行う

Inflated 3D Convnets(I3D)を使った動画のコンテキスト認識を試してみましょう。映像は、各コマの画像の集まりです。単なる画像分類とは異なりますが、それを発展させたモデルで学習させることができます。

コンテキスト認識とは、その動画が「何をしているところ」を撮影したものか、あらかじめ定義したカテゴリに分類します。画像分類と同じく、学習データへ決めたカテゴリに従ったラベル付けをしておく必要があります。

下記のノートブックにアクセスします。

> URL https://colab.research.google.com/github/tomo-makes/dl-in-a-sec/notebooks/blob/master/TF_Hub_Action_Recognition_ja.ipynb

ノートブックがColaboratoryで開きます。このノートブックでは、あらかじめkinetics-400というデータセットで学習済みのモデルを使います。認識させる対象は、UCF-100データセットです。TF-Hubから取得した学習済みのモデルを使い、推論のみ行います。

ノートブックは次から成り、**総実行時間は2分以内**です。

- 環境を整える
- UCF101データセットを使う

▶ 入出力とモデル

映像の入力に対し、事前学習済みのI3Dモデルが、400種類のアクションのラベルから、最も確からしいものを選びます。

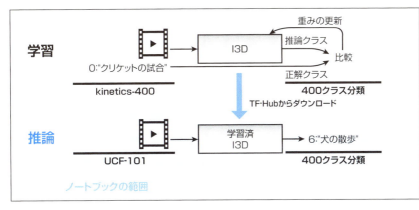

- 入力

UCF-100データセットほか、任意の動画を使います。

映像は、大量の画像が順番に表示されているものと考えられます。パラパラ漫画を想像してみましょう。100枚の画像からなるパラパラ漫画を、1枚を0.1秒ずつ表示すると、全部で10秒の動画が出来上がります。

このように映像は、画像に対して時系列方向に軸（次元）を1つ足したものとして扱えます。

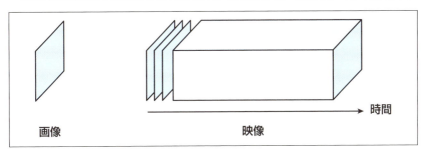

- 出力

kinetics-400で定義されたアクション400種類への分類です。もうおなじみの多クラス分類です。出力層はSoftmaxにより、各ラベルの確率が出力され、その大きい順に候補を出力します。

● モデル

　TensorFlow Hub（TF-Hub）で提供されている、事前学習済みのInflated 3D Convnets（I3D）を使います。TF-Hubは再利用できる学習済みモデルなどをパッケージ化し、共有するためのプラットフォームです。

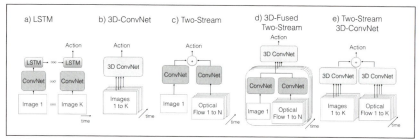

※出典　https://arxiv.org/pdf/1705.07750.pdf

　入力の項目で述べたように、映像では、画像に加えて時間という軸（次元）が1つ足されます。その情報を活用するために、2次元ではなく3次元の畳み込みを行います。

　I3Dは、画像におけるInceptionV1の構成を参考に、3次元畳み込みへ変更したものです。ネットワークはInceptionモジュールの組み合わせから成ります。

　3次元の畳み込みは、紙面上では表現することができません。構成するブロックを図示するに留めました。

　図中で「Inc.」としているのは、Inceptionモジュールを指します。ここに図示はしませんが、形はDeepDream節で紹介した2次元畳み込みのInceptionモジュールと似ています。

　このI3D学習済みモデルは、RGBの画像とOptical Flowそれぞれについて事前学習し、それらの結果を足し合わせて評価しています。Optical Flowは、映像の隣接するフレーム間で、どのように物体が動いて見えるかという差分を解析し、ベクトルとして抽出するものです。OpenCVに、そのためのライブラリが準備されています。

　I3Dの初出は巻末の参考文献を参照ください。動作認識に使えるさまざまな手法の比較にも触れられています。

▶ 試してみよう

　実行すると「クリケットのプレイ動画」がノートブック上で再生されます。その動画を入力に、I3Dで推論を試してみます。

```
Top 5 actions:
playing cricket       97.77%
skateboarding         0.71%
robot dancing         0.56%
roller skating        0.56%
golf putting          0.13%
```

すると、推定された5つのアクションが、確率の高い順にリストアップされました。この出力では、正しく「クリケットの試合をしている」と識別できていることがわかります。

下記のセルを変更してみましょう。判定対象の、`v_CricketShot_g04_c02.avi` を他の動画に差し替えます。

```
# Get a sample cricket video.
sample_video = load_video(fetch_ucf_video("v_CricketShot_g04_c02.avi"))
```

`v_WalkingWithDog_g01_c01.avi` に差し替えてみます。「犬の散歩」をしている動画です。再び推論を試すと、結果はこのようになりました。

```
Top 5 actions:
training dog                      58.74%
walking the dog                   35.60%
riding or walking with horse      0.69%
faceplanting                      0.60%
extinguishing fire                0.35%
```

「犬の訓練」「犬の散歩」で迷っている結果ですが、当たりといえるでしょう。

「Using the UCF101 dataset」の直下に、UCF101の各映像ファイル名がリストアップされています。気になったファイル名を、同様にコピーして実行してみましょう。判定結果はいかがでしたか。

DELFで特定物体認識を試す

DELF(DEep Local Feature)を使った特定物体認識を試してみましょう。30ページに取り上げた通り、一般物体認識はカテゴリベース、「犬」「猫」などの一般名詞相当の検出です。特定物体認識はインスタンスベース、「エッフェル塔」「東京タワー」など固有名詞相当の検出です。たとえば、「ある商品のパッケージをスマートフォンのカメラで撮影し、即座にオンラインで購入する」というサービスは、特定物体認識を使います。また、「ある名所旧跡を違った角度で撮影した写真から、それがどの名所か当てる」というタスクも同様です。

TF-Hubで提供されている、事前学習済みのDELFを使ってみましょう。今回使うモデルは、モデルは、世界のランドマーク画像のデータセットを用いて学習したものです。DELFは、画像の特徴点(keypoint)とそれらの特徴量記述(keypoint descriptors)を識別します。今回のモデルは、ランドマークに特有の特徴をすでに「知っている」ため、そうした写真を扱うのが得意だといえます。

■ SECTION-009 ■ 画像／映像を扱う深層学習を試す

下記のノートブックにアクセスします。

URL https://colab.research.google.com/github/tomo-makes/dl-in-a-sec/notebooks/blob/master/TF_Hub_Delf_module_ja.ipynb

ノートブックは次のセクションから成り、**総実行時間は2分以内**とお手軽です。
- 対象画像データの読み込む
- 対象画像にDELFを適用する
- 位置とベクトルで記述された特徴点を使って、画像の一致する点を判定する

▶ 入出力とモデル

画像の入力に対し、事前学習済みのDELFモジュールが、特徴点の情報を出力します。2つの画像をそれぞれ入力し、出力した特徴点の情報を比較します。

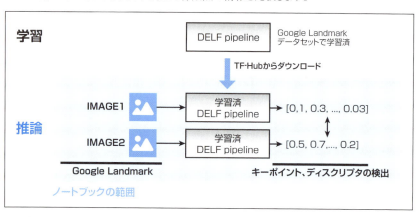

- 入力

下図のように2枚のペア画像（Landmark Dataset）を渡します。

■ SECTION-009 ■ 画像／映像を扱う深層学習を試す

● 出力

下図のように、2枚の画像の一致する特徴点を判定します。丸印でマークされているのが特徴点です。線で結ばれているのが、DELFにより対応すると判定された特徴点のペアです。

● モデル

DELF（DEep Local Feature）は、複数のモデルやパイプラインの組み合わせから構成されています。学習済みモデルをTF-Hubからダウンロードして使います。

以下で、事前学習の中身に触れましょう。ImageNetで事前学習済みのResNet50を使い、Landmarkデータセットでファインチューニングを行います。ResNet50は、残差ブロック（Residual Block）という、複数の畳み込みと、それをバイパスする接続構造を持ちます。conv2からconv5は、その残差ブロックを複数つないだものです。conv2からconv5が持つ畳み込みは、それぞれ異なります。

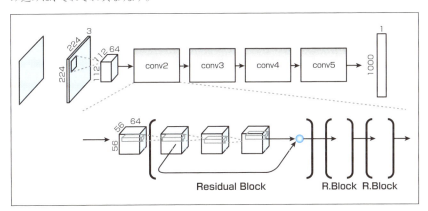

DELFでは、ResNet50の途中、conv4の出力を取り出し、そこから特徴（DELF features）を抽出します。その後、それぞれの画像をDELF features同士で比較できるようにします。詳細は参考文献を参照ください。

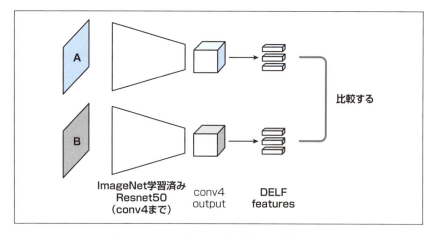

このDELF featuresをデータベース化しておくと、類似画像検索に応用することができます。

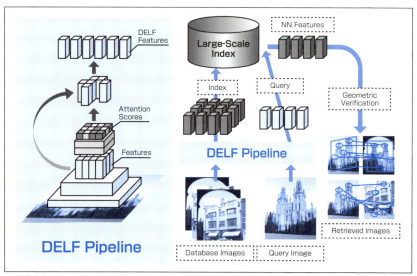

※出典　https://arxiv.org/pdf/1612.06321.pdf

▶ 試してみよう

実行を通して、特定物体認識の様子をつかめたでしょうか。

このノートブックでは、「The Data」の項で、使いたい `IMAGE_1_URL` 、`IMAGE_2_URL` のコメントアウトを外し（行頭の # を外す）、それ以外をコメントアウト（行頭に # を付ける）すると、4種類の名所写真がどう対応付けられるか、見ることができます。

青色の線で結ばれている箇所が「特徴が一致した」とDELFが見つけたものです。DELFはルールベースではなく、学習で特徴を見つけられる点が優れていますが、この特徴の一致には、他にも幾何学的にありそうなペアを選り分けるなどの工夫がされています。

IMAGE1、IMAGE2に自分の用意した風景の写真に入れ替えて、試してみましょう。

さまざまな学習済みGANを比較する

次のノートブックは、CIFAR10、CelebA HQ（128×128）およびLSUNベッドルームデータセット用に事前に生成されたGANのコレクションを使い、画像を生成します。潜在空間上のランダムなベクトルを選び、それを事前学習済みのGANに入力することで、出力として画像を生成します。

> URL https://colab.research.google.com/github/tomo-makes/dl-in-a-sec/
> notebooks/blob/master/TF_Hub_Compare_GAN_ja.ipynb

GANのレビュー論文『Are GANs Created Equal? A Large-Scale Study』（https://arxiv.org/abs/1711.10337）と、『The GAN Landscape: Losses, Architectures, Regularization, and Normalization』（https://arxiv.org/abs/1807.04720）で使われた学習済みGANモデルを試し、比較できます。`Run this cell and select which GAN module to use below` セルを実行すると、リストから選ぶことができます。

選択した学習済みのモデルをTF-Hubから取得し、推論のみを行います。ノートブックは次のセクションから成り、**総実行時間は1分以内**です。

- 利用可能なGANモジュールを見る
- 選択したモジュールから画像を生成する

▶ 入出力とモデル

入力はあらかじめ決めた次元のベクトル、モデルは学習済みのGAN、出力は画像の生成です。

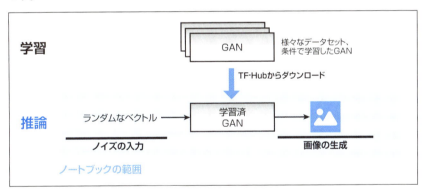

- 入力

あらかじめ決めた次元のベクトルから、ランダムに入力を決めます。その次元で取りうるベクトルすべてを、潜在空間と呼びます。

- 出力

生成された画像です。

● モデル

さまざまなGANのバリエーションが取り上げられています。GANは次のような形状をしており、それぞれGeneratorやDiscriminatorに選ぶ構造や、ハイパーパラメータを変えています。モデルはCIFAR10、LSUN Bedroom、CelebA HQデータセットで事前学習しています。

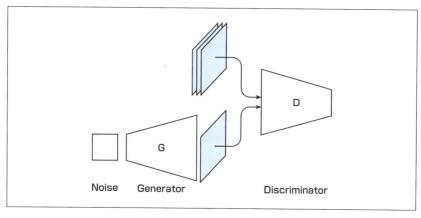

▶ 試してみよう

GAN Lab（https://poloclub.github.io/ganlab/）を使うと、72ページのPlaygroundのように、インタラクティブにGANの学習ステップを体感することができます。

CycleGANで画像の変換・生成を行う

下記のノートブックは、CycleGANの実装と解説です。

URL https://colab.research.google.com/github/tomo-makes/dl-in-a-sec/notebooks/blob/master/CycleGAN_ja.ipynb

CycleGANは、pix2pixという先行研究を発展させたものです。pix2pixは、ペアの画像（線画と写真など）が学習に必要でした。CycleGANは、学習する画像はペアである必要がなく、ペアとなる特徴を自ら見つけ出します。このノートブックでは学習から推論まで行うことができます。

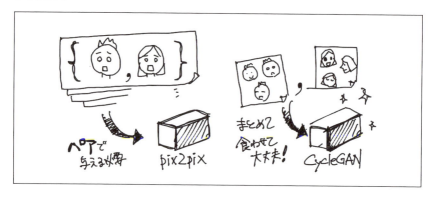

前ページのノートブックにアクセスします。ノートブックは次のセクションから成り、**総実行時間は20分弱**かかります。

- CycleGANの概要紹介
- エンコーダ
- Residual BlocksとTransformer
- デコーダ
- PatchGAN, Receptive Field Sizes, and the Discriminator
- それらの要素をつなげる
- Optimizer
- batchの生成
- 学習する
- 生成を試す
    - タイル/地形生成
    - キャラクター/ヒーロー生成
    - その他の例
- まとめ

　CycleGANの先行研究との差分、構成要素ごとに丁寧に追うことができます。学習部分に時間がかかりますが、デフォルトでは表示されている数字が0から1099までカウントアップすると終わります。

　実行に当たって注意点があります。 `import os` を冒頭で実行してください。それがないと学習時にエラーになります。

▶ 入出力とモデル

　対応する画像群Aと画像群Bを使ってCycleGANモデルを学習させ、画像群Aの入力を、画像群Bのスタイルに変換する能力を持たせます。さまざまな画像を入力し、モデルがどのような画像を生成出力するか試します。

- 入力

　学習時は、任意の画像群AとBを入力します。推論時は、画像群Aと同じ特徴を持つ任意の画像を与えます。

- 出力

　入力を、画像群Bのスタイルに変換した画像を生成します。

- モデル

　学習にペアの画像群を与える必要のあるpix2pixを試した後、ペアを与える必要のないCycleGANを試します。

CycleGAN（各ドメインにあわせて学習）は、下図の構造を使って、ペアが与えられなくても、ドメインXとドメインY間の変換ができるよう学習を進めます。

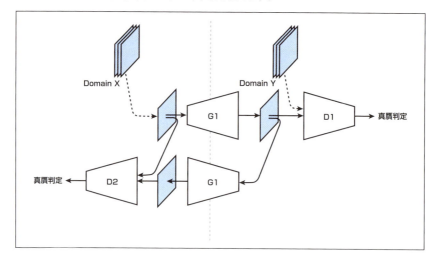

▌▌▌BiGANで高精細画像を生成する

　下記のノートブックは、最大512×512ピクセルの画像を生成できるGANです。TF-Hubで提供される事前学習済みモデルを使い、ImageNet 1000カテゴリの画像生成を試すことができます。

> URL　https://colab.research.google.com/github/tomo-makes/dl-in-a-sec/
>   notebooks/blob/master/TF_Hub_BigGAN_Demo_ja.ipynb

　ノートブックは次のセクションから成り、**総実行時間は3分**かかります。
- BigGAN
  - BigGANモデルを読み込む
  - Hypersphere Interpolation
  - 画像の生成を試す
  - 補間アニメーションを作る

▶入出力とモデル

　ImageNet事前学習済みのBigGANモデルを使います。ランダムなベクトルとカテゴリの指定を入力に、画像の生成出力を試します。

■SECTION-009■ 画像／映像を扱う深層学習を試す

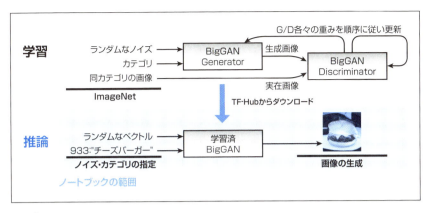

● 入力

あらかじめ決めた次元を持つベクトルを、潜在空間からランダムに選びます。加えて、生成したい画像のカテゴリを指定します。

● 出力

入力に従い、画像を生成します。

● モデル

BigGANです。

ベースラインとなるモデルは、SA-GAN（Self-Attention GAN）が使われています。そこに対し、BigGANは、バッチサイズとレイヤーのチャンネル数を増やし、いくつかの学習安定化のためのテクニックを加えたものです。

▶ 試してみよう

下記のノートブックでは、さらにさまざまな実験を試すことができます。

URL https://colab.research.google.com/github/tomo-makes/dl-in-a-sec/notebooks/blob/master/BigGANEx_ja.ipynb

ノートブックは次のセクションから成ります。

- BigGANEx
  - BigGANモデルを読み込む
  - Truncation Trick
  - モデルをテストする
  - 潜在空間の補間
  - 補間アニメーションを作る
  - 実験1
  - 実験2
  - 実験3
  - 参考資料

まとめと発展

2017年までのCNN動向は『[サーベイ論文]畳み込みニューラルネットワークの研究動向』（内田、山下ら 2017; http://www.vision.cs.chubu.ac.jp/MPRG/F_group/F188_uchida2017.pdf）にまとまっています。

Elix Tech Blogの『**はじめてのGAN**』（https://elix-tech.github.io/ja/2017/02/06/gan.html）では、より詳細にGANの歴史をたどることができます。

動画の行動認識についてより詳しくは『**3D CNNによる人物行動認識の動向**』（https://www.slideshare.net/kenshohara11/3d-cnn）、『**Action Recognitionの歴史と最新動向**』（https://www.slideshare.net/OhnishiKatsunori/action-recognition）の2つのスライドが参考になります。

いろいろなタスクが驚く精度で実現されてきましたが、課題はまだまだ尽きません。2019年1月には『**変わりゆく機械学習と変わらない機械学習**』（神嶌氏 日本物理学会誌; https://www.jps.or.jp/books/gakkaishi/2019/01/74-1.php）が公開されました。現状の機械学習のブレークスルーと、依然として残る具体的課題がやさしく解説されています。**cv.paperchallenge**では、CVPR2018（2018年6月）のまとめスライド（http://hirokatsukataoka.net/project/cc/cvpr2018survey.html）を公開しています。冒頭2018年現在の画像／映像系を扱うComputer Visionの研究トレンド、何がまだ足りないか、これからのフロンティアは何かが、わかりやすく紹介されています。CVPR2019においても同様の取り組みが予定されているようです。

SECTION-010

自然言語を扱う深層学習を試す

　自然言語を扱う深層学習をColaboratoryで試してみましょう。自然言語を扱うときの入力とは何か、よく扱われるタスクや対応するモデルの種類は何かを、動かしながら身に付けます。なお、Colaboratoryの詳しい操作方法については第4章を参照してください。

▮▮概要

　自然言語を扱う認識3タスク、生成3タスクを用意しました。認識は、映画レビューの分類を手法を変えて2種、文脈の判定に挑みます。生成は、文章生成とニューラル機械翻訳、最後に画像・自然言語を横断するキャプション生成に挑戦します。それでは始めていきましょう。

●認識

種別	項目	データセット	モデル
学習／推論	Kerasで映画レビューの分類	IMDB	Embedding+MLP
学習／推論	TFHubで映画レビューの感情分析	Large Movie Review Dataset v1	Embedding+MLP
学習／推論	意味が近い文章を分類	STS	Universal Sentence Encoder

●生成

種別	項目	データセット	モデル
学習／推論	文字レベルRNN	shakespeareの一編	LSTM
推論のみ	Attentionを使った西英翻訳	anki	seq2seq
学習／推論	キャプション生成	MS-COCO	InceptionV3、Encoder+Decoder

▶入力

　「文章/言語」を扱う機械学習では、入力にひと工夫が必要です。「画像／映像」の入力はピクセルの集まりで、各ピクセルにつき3つの数値（光の三原色それぞれの強さ）で表現しました。もちろん「文章/言語」も、コンピュータ上で扱う時点で、ビットの集まりであるデータとして取り扱います。しかし、そのバイト列をそのまま入力することはしません。では、どのように扱うのでしょうか。

　たとえば、「It is a sunny day today.」という英文を考えてみましょう。これを扱うにはまず単語に分解します。これを分かち書きといいます。

```
["It", "is", "a", "sunny", "day", "today"]
```

　この文章は、単語のまま扱うよりも数値に変えてしまいます。

```
[1, 2, 3, 4, 5, 6]
```

　これに対応付けて、辞書を持っておきます。

■ SECTION-010 ■ 自然言語を扱う深層学習を試す

```
{1: it, 2: is, 3: a, 4: sunny, 5:day, 6:today}
```

次に単語の埋め込み、または単語の分散表現（word embedding）と呼ばれる、各単語のベクトルを得ます。

```
[[0, -1.2, ..., -0.3],...,[4.3, 5.5,..., 0.3]]
```

このベクトルの配列をモデルに渡す、これが「文章／言語」を扱うときによく使われる入力です。「画像／映像」「音声／音楽」よりも少し複雑ですね。

ただし、日本語は英文のように単語がスペースで区切られていないため、もうひと工夫必要です。「今日は、いい天気ですね。」といった日本語の文章は、従来より**形態素解析**という単語や品詞の判定技術を使い、次のように分解します。

```
{"今日", "は", "いい", "天気", "です", "ね"}
```

また、深層学習では、さらに工夫が成されます。単語として扱う数が大きくなりすぎないように、また、未知語に対応できるように、**サブワード**という考え方を導入します。固有名詞など、頻度の高くない語は、単語よりさらに細かな単位に分解します。

```
{"今日", "は", "実", "相", "寺", "に", "行き", "まし", "た"}
```

従来型の形態素解析後にサブワードに分割する方法と、サブワードへの区切り自体を学習する方法があります。日本語の形態素解析エンジンの1つ**MeCab**の作者である工藤拓氏が、**Sentencepiece**という**トークナイザ**（tokenizer）ライブラリを発表しています。ここでは詳しく取り上げませんが、作者によるColaboratoryを使った対話型・網羅的な解説もあります。その後、英文の場合と同様に、単語の分散表現を得られます。

▶ モデル

前節ではMLPに加えてCNNを取り上げました。さらに本節では系列データの学習に適する、RNNとその発展型を取り上げます。なぜMLPやCNNよりも、RNNの仲間が適しているのでしょうか。

CNNは、前節で見た通り、同じフィルタを移動しながら適用（畳み込み）し、プーリングを行うため、画像が持つ空間的な構造を生かしながら学習できます。同様に、RNNは、系列を前から後ろに走査していくため、時間的な構造を生かしながら学習できます。こちらもCNN同様、図表の表現では限界があるため、「Illustrated Guide to Recurrent Neural Networks」（https://towardsdatascience.com/illustrated-guide-to-recurrent-neural-networks-79e5eb8049c9）をご覧ください。RNNが何をしているかを直感的に掴むことができます。

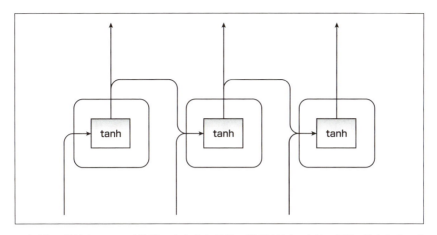

ただし、単純なRNNには学習の安定化や性能の課題があり、今日、実際に使われるのはLSTM（Long short-term memory）、簡略化したGRU（Gated recurrent unit）といった進化版です。また、注意（Attention）といった追加機構が付加されています。また、40ページでも触れた通り、BERTなどに使われるTransformerが注目です。

本節の分類／識別系タスクでは、まず**Embedding層**を使い、**単語の分散表現**を手に入れる方法を学びます。分散表現を入力に、MLPで分類を行う例を2つ取り上げます。TF-Hubの学習済みモデルライブラリから、**Universal Sentence Encoder**という文章の特徴抽出用モジュールも使います。

生成系タスクでは、入力を1文字ごとに分割して与える**文字ベースのLSTM**や、入出力に**GRU**を用いるEncoder-Decoderモデルである**seq2seq**と**Attention**を取り上げます。最後の画像キャプション生成では、入力に画像、特徴抽出やEncoderにCNNを用いて、DecoderにLSTMを使うという、画像／自然言語を横断したタスクに挑戦します。

▶出力

認識は前節までと同じです。生成の場合は、入力の時の変換を逆順にたどり、自然言語に戻してやる必要があります。

映画情報サイトにあるレビューを識別する（その1）

IMDB（https://www.imdb.com/）という著名な映画情報サイトにあるレビューを識別するモデルを作ります。レビューの内容から、映画に対して好意的か、否定的かを判別します。

下記のノートブックを開きます。

> URL https://colab.research.google.com/github/tomo-makes/dl-in-a-sec/notebooks/blob/master/Basic_Text_Classification_ja.ipynb

■ SECTION-010 ■ 自然言語を扱う深層学習を試す

ノートブックは次のセクションから成り、**総実行時間は1分程度**です。
- IMDBデータセットのダウンロード
- データセットの中身を見て見る
  - 数字の配列から文章に戻す
- データセットの準備
- モデルの形を定義する
- バリデーションセットを作る
- モデルを学習する
- モデルを評価する

▶ 入出力とモデル

　文章と正解ラベルをペアで与える教師あり学習を行い、文章の入力に対し、モデルが正解ラベルを出力できるよう、重みを更新します。できたモデルに未知の文章を与え、結果を評価します。

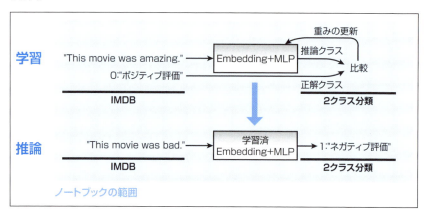

- 入力

　TensorFlowでは、IMDBデータセットがすぐ使えるように `keras.datasets.imdb` で準備されています。IMDBデータセットの中身は「文章」ではなく、「単語が対応する数字に変換された数字の列」です。たとえば、1つ目のレビューの中身を見てみましょう。

```
train_data[0]
```

```
[1, 14, 22, ..., 19, 178, 32]
```

　こうした形式では、表している文章は見当もつきません。これを、数字と単語を対応付ける辞書を使います。

```
imdb.get_word_index()
```

```
Downloading data from https://storage.googleapis.com/tensorflow/tf-keras-datasets/imdb_
word_index.json
1646592/1641221 [==============================] - 0s 0us/step
{'fawn': 34701,
 'tsukino': 52006,
 'nunnery': 52007,
 'sonja': 16816,
 'vani': 63951,
 ----後略---
```

辞書を使って変換すると、下記の原文が得られました。

```
decode_review(train_data[0])
```

> "<START> this film was just brilliant casting location scenery story direction everyone's really suited the part they played and you could just imagine being there robert ... after all that was shared with us all"

これではじめて、文章として読むことができます。

● 出力

ポジティブ評価か、ネガティブ評価かの二値分類です。出力層は1ノード、0から1の間の数字を出力するようにSigmoid関数が使われます。

● モデル

データセットの準備では、2つのアプローチが考えられます。

- 単語をワンホットエンコーディングした、「行: レビュー数 × 列: 総単語数」の行列を作る
- 配列長を揃えるため、短いレビュー文の後ろをゼロ埋めをし、レビュー中の最大長レビュー数の行列を作る。そして、この形を扱える単語埋め込み表現(Embedding)レイヤーを第1層に使う

ここでは後者をとります。

ここでいうワンホットエンコーディングとは、3、4といった数字を、数字としてそのまま表現するのではなく、1次元ベクトルの要素数を決め、次のように表現することです。

```
# 0から9の数字をワンホットエンコーディングで表現する場合
3: [0,0,1,0,0,0,0,0,0]
4: [0,0,0,1,0,0,0,0,0]
```

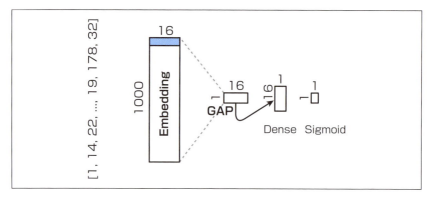

- Embedding

  `tf.keras` 標準のEmbeddingレイヤーを使います。

- 分類モデル

  `Embedding -> GlobalAveragePooling1D -> ReLU -> Sigmoid` というシンプルなNNを使います。コードの実行に対する出力で、どのように表現されているか見てみましょう。

```
_____
Layer (type)                 Output Shape              Param #
=================================================================
embedding (Embedding)        (None, None, 16)          160000
_____
global_average_pooling1d (Gl (None, 16)                0
_____
dense (Dense)                (None, 16)                272
_____
dense_1 (Dense)              (None, 1)                 17
=================================================================
Total params: 160,289
Trainable params: 160,289
Non-trainable params: 0
_____
```

それぞれの層はこのような役割を持ちます。

- Embedding：数字にエンコードされた単語から、学習中に各単語のembedding vectorを学習する。1000語の系列を取り、16次元の分散表現を返す。
- Global Average Pooling1D：系列の方向に平均をとり、固定長の行列を出力する。異なる長さの入力を扱うシンプルな方法です
- 全結合層 + ReLU：16のノードを持ちます
- 全結合層 + Sigmoid：0-1の間の数字を1つ返す

■ SECTION-010 ■ 自然言語を扱う深層学習を試す

ネットワークの表現力は中間層のノード数に依存します。ただ数を増やせばいいわけではありません。数を増やせば増やすほど、学習のため、より多くのデータセットや、長い時間を要します。また、学習データへの過学習のリスクが増えます。これらのバランスを取る必要があります。

● その他のパラメータ

学習には、損失関数（loss）と最適化アルゴリズム（optimizer）が必要です。この課題は0か1かを判定する二値分類問題です。そのためbinary_crossentropyを使います。

検証（validation）データセットを作ります。もともと、テスト／学習用に50,000ものレビューを、25,000と25,000に分けました。学習用25,000から、10,000を検証用に使います。

学習は、バッチサイズを512とし、40epoch回します。学習用データセットで学習を進め、検証用データセットとそれぞれのloss, accuracyをモニタします。

▶ 試してみよう

最終epochでは、学習データで97%、検証データで88%の精度まで学習が進みます。

学習済みのモデルを使ってテストセットの推論をすると、精度は87%となりました。

学習がどう進んだか、lossや精度を可視化してみましょう。学習時のlossはどんどん下がり、精度はどんどん上がります。他方、検証時のlossは20epoch以降下げ止まり、精度も伸び悩みます。これは過学習（overfitting）の例です。学習データのみに現れる特徴を学んでおり、検証データやテストデータで汎用的に使えない学習が進んでいます。こうなったら、いくら続けても意味はありません。実務では、過学習の傾向が見られたら学習を自動停止するなどのテクニックがあります。

「画像／映像」や「音声／音楽」との違いは感じ取れたでしょうか。

● 入力の長さが変わること
● 単語をどのように数値に落として表現するか

これらがポイントです。そこに単語の分散表現というテクニックが導入されます。

映画情報サイトにあるレビューを識別する（その2）

もう一度、IMDBレビューのデータセットとそのポジティブ・ネガティブの二値を取り上げます。ですがアプローチを変えます。TF-Hubで提供される学習済みのEmbeddingモデルを使い、応用として転移学習とその問題点も取り上げます。

下記のノートブックにアクセスします。

> URL https://colab.research.google.com/github/tomo-makes/dl-in-a-sec/notebooks/blob/master/TF_Hub_Text_Classification_ja.ipynb

ノートブックは次のセクションから成り、**総実行時間は10分以内**です。

● 環境準備
● モデル
　Feature column（データセットとモデル入力のブリッジ）
　分類器
　学習

- 分類する
  - 混同行列の確認
- 今後の発展
- 一歩進んで: 転移学習

▶ 入出力とモデル

文章と正解ラベルをペアで与える教師あり学習を行い、文章の入力対し、モデルが正解ラベルを出力できるよう、重みを更新するのは前項と同じです。Embeddingに学習済みのNN言語モデルを使う点が異なります。できたモデルに未知の文章を与え、結果を評価します。

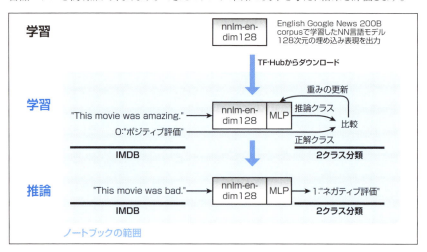

- 入力

IMDBのレビュー文(sentence)に対して、感情(sentiment)、極性(polarity)のラベル付けがされています。

sentence	sentiment	polarity
I felt that the movie was dry... very disappoi...	1	0
This is the only full length feature film abou...	10	1
I studied Charlotte Bronte's novel in high sch...	10	1

- モデル

モデルの詳細は次の通りです。nnlm-en-dim-128と、DNN Classifier(MLP)をつなげたものです。

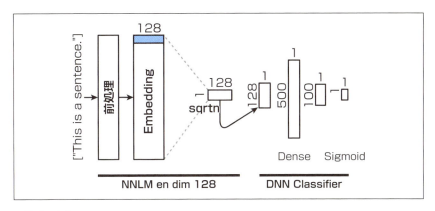

● Embedding

TF-HubのFeature columnである**nnlm-en-dim128**(https://tfhub.dev/google/nnlm-en-dim128/1)を使います。Feature columnはTensorFlow固有の機能であり、データセットとモデル入力の形式を合わせてくれます。

文章を扱うに当たり、文章や単語をベクトルで表現するEmbeddingモデルは重要です。しかし、実用的なEmbeddingモデルを自分で作るのは困難です。なぜなら巨大なデータセットが必要で、その学習には多大な時間を要するからです。nnlm-en-dim128は、English Google News 200Bコーパスを使って学習をしたEmbeddingモデルです。

nnlm-en-dim128は、文字列の1次元テンソルを入力とし、スペースでの単語分割や句読点の削除などの前処理を行います。前処理のあと、各単語を128次元の分散表現に変換します。また単語から文章の分散表現へ変換し、出力します。辞書にない単語にも対応することができます。

● 分類モデル

上記で得られた文章の128次元の分散表現を入力に、レビューの極性分類にDNN Classifierを使います。入力層は128ノード、中間層はそれぞれ500、100ノードの2層、最後に二値分類のための出力層が入ります。

● 出力

このタスクは二値分類です。レビューが否定的か肯定的かを表す、0から1の値が出力されます。出力層は1ノード、おなじみのSigmoid関数が使われます。

● その他のパラメータ

optimizerはAdagrad、学習率を0.003とします。

学習は1000 stepsを指定しています。batch size=128の場合、12万8000のサンプルで学習することを指します。2万5000のデータセットから考えて、約5epochsに相当します。

■ SECTION-010 ■ 自然言語を扱う深層学習を試す

▶ 試してみよう

推論は、学習データ、テストデータともに80%程度の精度が見られました。混同行列で、分類誤りの偏りや傾向を可視化できます。

発展として転移学習を試すことができます。転移学習は、学習済みのモデルを他の課題を解くのに転用します。うまくいけば、学習のためのリソースや時間を節約し、小さなデータセットでも実用に耐える精度を得られます。ここでは、TF-Hubから2つのモデルを使います。

- nnlm-en-dim128：先述の学習済みモデル
- random-nnlm-en-dim128：上記と同じモデル・語彙を持つが、重みをランダムに初期化

今回は使いませんが、**nnlm-ja-dim128**という日本語版も用意されています。

Universal Encoderで話題が近い文を見分ける

TF-Hubの提供する**Universal Sentence Encoder**学習済みモデルを使って、文章の類似度を判定します。下記のノートブックを開きましょう。

URL https://colab.research.google.com/github/tomo-makes/dl-in-a-sec/notebooks/blob/master/TF_Hub_Universal_Encoder_ja.ipynb

さて、文章の類似度とは何でしょうか。たとえば、次の文章はすべて「気候」が話題です。

"Will it snow tomorrow?" - 明日、「雪は」降りますか？

"Recently a lot of hurricanes have hit the US" - 最近、「ハリケーン」のUSへの上陸が多い。

"Global warming is real" - 「地球温暖化」は本当に起きています。

次の文章は「人の年齢」が話題です。

"How old are you?" - あなたは「何歳」ですか？

"what is your age?" - あなたの「年齢」は？

この2つの例では「気候」だったり「人の年齢」が共通の話題であることが、人間には一目でわかります。複数の文章間で話題がどれくらい似ているのかを定量的に評価しようとするのが、文章の類似度です。Universal Sentence Encoderを使って文章の類似度を判定し、その精度を確かめてみましょう。それにはSTS（Semantic Textual Similarity）ベンチマークを用います。このベンチマークは、人の判定と機械学習モデルの判定の相関を確かめることができます。相関が高いほど、人の判定に近い結果が残せたといえます。

ノートブックは下記のセクションから成り、**総実行時間は3分程度**です。

- 準備
- 文章類似度を可視化する
- STSベンチマーク

module URLは"https://tfhub.dev/google/universal-sentence-encoder-large/3"を選択します(/2はエラーになります)。

▶ 入出力とモデル

事前学習済みのUniversal Sentence Encoderモデルを使います。文章の入力対し、文章の分散表現を出力します。複数の文章を入力、それぞれの出力を比較し、それらが近ければ文脈が近いと判定します。

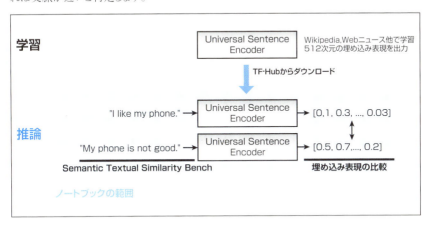

● 入力

STS(Semantic Textual Similarity)データセットを使います。

● 出力

文章のペアに対する類似度スコア算出です。

● モデル

Universal Sentence Encoderです。

Daniel Cer氏などにより、2018年に「Universal Sentence Encoder」(https://arxiv.org/abs/1803.11175)が発表されました。そのモデルをTF-Hubで使うことができます。Deep Average Network(DAN)というモデルを使い、1GBの大きさがあります。

▌文章を生成する

CharRNNは、文字レベルLSTMを使った著名なテキスト生成モデルです。現在Tesla社でDirector of AIを務めるKarpathy氏が2015年に発表しました。Karpathy氏のブログポスト「The Unreasonable Effectiveness of Recurrent Neural Networks」(http://karpathy.github.io/2015/05/21/rnn-effectiveness/)に、発表当時の詳細があります。音楽のABC notation、アイリッシュのフォーク音楽、オバマ元大統領のスピーチ、エミネムの歌詞の他、いろいろなテキストによる面白い生成結果が試されています。

下記のノートブックにアクセスします。

> **URL** https://colab.research.google.com/github/tomo-makes/dl-in-a-sec/notebooks/blob/master/Char_RNN_ja.ipynb

ノートブックがColaboratoryで開きます。ノートブックは次のセクションから成ります。学習は30000stepsがデフォルトのため、**少なくとも40分以上**かかります。

- 環境準備(必要なインポートと定数)
- 学習データの取得
- モデル(LSTM)を定義する
  - ハイパーパラメータを決める
  - loss function、optimizerを決める
- 学習する
- テキストを生成する
- 学習済モデルを保存する

▶ 入出力とモデル

文章と次の文字をペアで与える教師あり学習を行い、文章の入力に対し、Char-LSTMモデルが次の文字の予測を出力するよう、重みを更新します。学習済みモデルにある文章を与え、次々に文字を予測、最終的に文章を生成します。

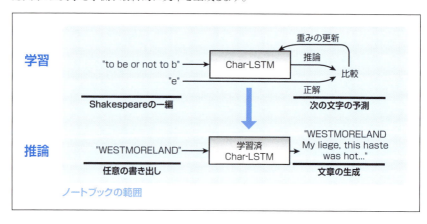

- 入力

shakespeare dataset (https://raw.githubusercontent.com/karpathy/char-rnn/master/data/tinyshakespeare/input.txt) を使います。

- 出力

シェイクスピア風のテキストを生成します。

- モデル

文字レベルのLSTMです。

- その他のパラメータ

lossはseq2seq.sequence_lossを、optimizerはAdamを使います。テキストの生成に、Beam Searchアルゴリズムを使います。

▶ 試してみよう

ラップトップPCなどで実行し、ブラウザを開き、スリープモードにならないように保ちましょう。ただし、仮に切れてしまった場合も、チェックポイントで学習途中のモデルが保存されているので、学習開始のセルを再実行すると、途中から再開することができます。

また、冒頭の学習データ取得は、デフォルトのshakespeareを使うか、アップロードするかを選びます。デフォルトで試すなら、アップロード用セルの実行を飛ばしてください。

テキスト生成時には、temperatureというパラメータで、"固い"生成か、より"外した"生成かが調整できます。

文字ベースで学習したにもかかわらず、英語「らしきもの」を生成できていることに驚きます。台本の、役名（すべて大文字）、ピリオドで終わる発言、という特徴を再現しています。発展として、コードを1行、変更するだけで、別のテキストで学習、生成を試すことができます。

次のステップとしては、このようなことが試せるでしょう。

- 開始文字列を別の文字または文の先頭にする
- 異なる、または異なるパラメータでトレーニングを試す

たとえば、**Project Gutenberg** (http://www.gutenberg.org/ebooks/100) を使うのも面白いでしょう。

- temperature parameterをいろいろと変えてみる
- 別のRNN層を追加する

スペイン語から英語へのニューラル機械翻訳を作る

`tf.keras` と `eager` を使った、スペイン語から英語へのseq2seq翻訳です。下記のページにアクセスします。

> **URL** https://colab.research.google.com/github/tomo-makes/dl-in-a-sec/notebooks/blob/master/NMT_with_Attention_ja.ipynb

ノートブックがColaboratoryで開きます。ノートブックは次のセクションから成ります。

- 環境準備（必要なインポートと定数）
- 学習データの取得
    - データセットのサイズを制限して実行を速める（任意）
    - tf.dataデータセットを作る
- モデル（encoder-decoder）を定義する
- loss function、optimizerを決める
- チェックポイントでの途中保存を作る
- 学習する
- 翻訳する
- チェックポイントで保存済みのモデルを使う
- 次のステップ

▶ 入出力とモデル

英語文とスペイン語文をペアで与える教師あり学習を行い、英語文の入力に対し、seq2seqモデルが対応するスペイン語文を出力するよう、重みを更新します。学習済みモデルに未知の英語文を与え、正しいスペイン語文を出力するか評価します。

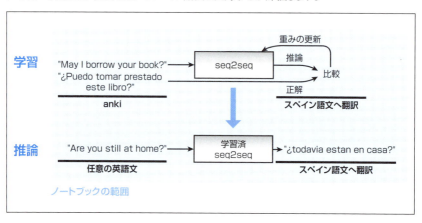

- 入力

データセットは「anki」（http://www.manythings.org/anki/）を使います。ここには記憶用のカードのように、たとえば英語の「May I borrow this book?」と、スペイン語の「¿Puedo tomar prestado este libro?」のように対応付けられたテキストがあります。英語、スペイン語の対応の他にも、さまざまなデータセットがあります。

次に、開始／終了のトークンを加える、特殊文字を取り除く、単語とidの辞書を作る、最大長の文に合わせてゼロ埋めをする、という前処理が必要です。10万文を超えるデータセットは学習に時間がかかるため、3万文に絞ることができます。

- 出力

翻訳後のスペイン語文が出力されます。

● モデル

モデルはseq2seqをベースに、注意機構(Attention)が実装されています。

seq2seq(Sequence to Sequence)とは、系列データ(Sequence)を、別の系列データに変換するモデルです。入力の系列を圧縮(エンコード)し、圧縮された表現に変換、それをまた展開(デコード)し、出力の系列を得るという構造を持つ、Encoder-Decoderモデルの1つです。

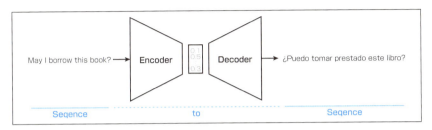

そのEncoder-Decoderモデルであるseq2seqに、**注意機構(Attention)** の味付けをします。

● その他のパラメータ

lossはsparse softmax cross entropy with logtsを使い、optimizerはAdamを使います。

▶ 試してみよう

学習は次のように進みます。

- encoder出力と隠れ状態を返すencoderを介して入力を渡す
- encoder出力、隠れ状態およびdecoder入力(開始トークンである)はdecoderに渡す
- decoderは予測とdecoder隠れ状態を返す
- 次に、decoderの隠れ状態がモデルに戻され、予測のlossを計算するために使う
- teacher forcingにより、decoderへの次の入力を決める
    teacher forcingは、ターゲットワードがdecoderへの次の入力として渡す
- 最後のステップは、勾配を計算し、それをoptimizerおよびbackpropに適用

翻訳の流れは、teacher forcingを使わないことを除いて、学習時と似ています。各時間ステップでのdecoderへの入力は、隠れ状態およびencoder出力とともに以前の予測です。モデルが終了トークンを予測する時期を予測しません。そして、時間ステップごとにattentionの重みを保存します。なお、encoder出力は、1つの入力に対して1回だけ計算されます。

発展としては、「http://www.manythings.org/anki/」から他の言語のデータセットを試したり、それ以外のデータセットやepoch数を増やしてみても面白いです。

■ SECTION-010 ■ 自然言語を扱う深層学習を試す

▍画像のキャプションを生成する

　TensorFlow 2.0用のチュートリアルとして、画像のキャプション生成が準備されています。「**画像/映像**」と「**自然言語**」の集大成として取り組んでみましょう。下記のノートブックを開きます。

　URL　https://colab.research.google.com/github/tomo-makes/dl-in-a-sec/
　　　　notebooks/blob/master/Image_Captioning_ja.ipynb

ノートブックは次のセクションから成ります。
- 学習データの取得
- 画像の前処理: Inception V3を用いた特徴抽出
- キャプションの前処理
- データセットの分割（学習用・検証用・テスト用）
- モデルを定義する
- 学習する
- キャプションを生成
- 好きな画像で試す
- 次のステップ

▶ 入出力とモデル

　画像と対応するキャプションをペアで与える教師あり学習を行い、画像の入力に対し、モデルが対応するキャプションを出力するよう、重みを更新します。学習済みモデルに未知の画像を与え、出力するキャプションを評価します。

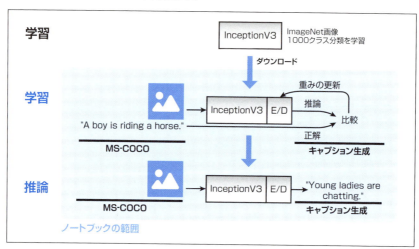

- 入力

　MS-COCOデータセットの画像で学習します。

- 出力

　画像に対するキャプションを学習します。

● モデル

　画像の特徴抽出に、Inception V3（ImageNet事前学習済み）を用います。抽出した特徴をEncoder-Decoderへ渡します。前項でEncoder-Decoderが出てきましたが、こちらは両方ともLSTMでした。今回のEncoderはCNN、DecoderはLSTMで構成されます。

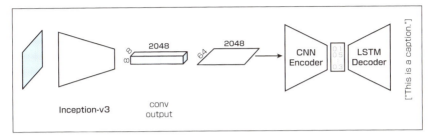

まとめと発展

　人工知能学会2018でのチュートリアル『**"深層学習時代の"ゼロから始める自然言語処理**』（阪大 荒瀬氏; https://www.slideshare.net/yukiarase/jsai2018-101054060）が網羅的かつ、よくまとまっています。深層学習的アプローチが初歩から解説されています。

　さらに、書籍では『**ゼロから作るDeep Learning ❷ ——自然言語処理編**』（斎藤康毅著、オライリー・ジャパン刊）が、Bag of Words、CBOW（continuous bag of words）などのカウントベースから推論ベースへ流れ、word2vecの登場とその高速化手法、RNNの導入、LSTM/GRU、AttentionやTransformerに至る発展が詳しく解説されています。

　ここ最近では、末尾に登場するTransformerというネットワーク構造（グラフ畳み込みに類似のもの）が注目を集めており、2018年10月に始まっている来年ICLR2019のオープンレビューにも、Transformerを用いた多くの論文が登場しています。さらにそれを応用したBERT、およびそのfine-tuningが、2018から2019年にかけて流行しています。菊田悠平氏が**BERT with SentencePieceによる日本語Wikipedia学習済みモデル**（https://yoheikikuta.github.io/bert-japanese/）を公開されています。

　Jay Alammer氏のブログ（https://jalammar.github.io/）では、seq2seq、Transformer、BERTの概要がわかりやすく解説されています。

SECTION-011

音を扱う深層学習を試す

　音を扱う深層学習をColaboratoryで試してみましょう。音声／音楽を扱うときの入力とは何か、よく扱われるタスクや対応するモデルの種類は何かを、動かしながら身に付けます。なお、Colaboratoryの詳しい操作方法については第4章を参照してください。

概要

　音を扱う認識1タスク、生成4タスクを用意しました。認識は、APIサービスを使った音声認識、音声合成、話者識別を試します。生成は音楽系を中心にとりあげます。それでは始めていきましょう。

●認識

種別	項目	データセット	モデル
推論のみ	ブラウザから日本語認識を試す	—	—
推論のみ	mimiで音声認識・翻訳・合成	—	—

●生成

種別	項目	データセット	モデル
推論のみ	NSynthで音素材合成	The NSynth Dataset	WaveNet-style AE
推論のみ	MusicVAE	MIDI dataset(closed)	HLSTM/BLSTM VAE
推論のみ	PerformanceRNNでプロ級演奏	Yamaha e-Piano Competition dataset	LSTM
推論のみ	LSTMピアノ譜起こし	MAPS dataset	CNN+BLSTM

▶入力

　音声や音楽の入力には、2つの扱い方があります。音の波形データと、譜面の様な系列データです。

● 音の波形データ

　音は、空気の震えです。コンピュータで扱うには、次のように、音の波形を数値の列に変換します。

```
[0, 0.1, 0.15, 0.4, ...]
```

　さらに、その波からフーリエ変換で周波数成分を取り出す、メルケプストラムなどの前処理を行い、モデルへ渡します。

● 系列データ

　系列データの1つの形式はMIDIです。ドレミなどの音の高さや長さ、大きさやタイミングをデータとして持つことができます。次のように、楽譜に書かれるような内容を数値に変換して保持します。それをモデルへ渡します。

```
[[ド, 四分音符, 3, -10],[レ, 8分音符, 4, +10],...]
```

▶ モデル

　本節の分類／識別系タスクでは、APIが公開されているサービスを使いながら、「どの程度の音声認識・翻訳・合成が行えるのか」を体感します。

　生成系タスクでは、Google社のMagentaプロジェクトからの紹介を中心に、音楽やその音素材を題材としたインタラクティブなデモを、学習済みモデルを用いて触れられるものを取り上げます。それを通して、**WaveNet**、**双方向LSTM**（BLSTM）や、**VAE**（Variational Autoencoder）などのモデルに触れます。

　まとめと発展に、**nnmnkwii**など、本書では紹介しきれていないが面白いライブラリ、日本音響学会のオープンアクセスの論文群など、さらに学ぶ、試すためのリソースを紹介します。

● 波形データ

　『画像／映像を扱う深層学習を試す』（p.102）と同様、主にCNNとその派生を使います。

● 系列データ

　『自然言語を扱う深層学習を試す』（p.125）と同様、主にRNN（Recurrent Neural Network）とその派生を使います。

ブラウザから日本語音声認識を試す

　90ページでも紹介した通り、既存のサービスや手法があればそれを使うのが近道です。各社が公開する音声認識・合成サービスを試しながら、今日現在の性能を体感しましょう。最も簡単なのは、GoogleまたはMicrosoft各社自身が公開しているWebページ上で試すことです。

- Microsoft Azure Speech to Text
  - URL https://azure.microsoft.com/ja-jp/services/cognitive-services/speech-to-text/
- Google Cloud Speech-to-Text
  - URL https://cloud.google.com/speech-to-text/?hl=ja

　例として、Google Cloud Speech-to-Textを試す例を紹介します。上記のリンク先のページ中段に次の画面があります。

■ SECTION-011 ■ 音を扱う深層学習を試す

［Input Type］に「Microphone」（マイクに向かって話す）を選んでみましょう。［Language］のプルダウンは、最下段までスクロールし「日本語（日本）」を選択します。［Punctuation］は句読点の自動挿入有無です。どちらを選んでも構いません。これで準備完了です。

［START NOW］ボタンを押して、マイクに話しかけてみましょう。次のように結果が画面に返されます。

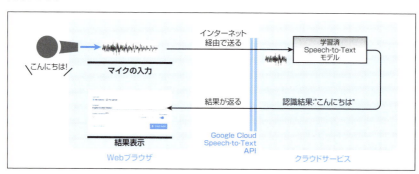

話した通りの認識結果が得られたでしょうか。

mimiで音声認識・翻訳・合成の流れを体感する

次に、API経由で音声認識・翻訳・音声合成の一通りの流れを体感してみましょう。

フェアリーデバイセズ株式会社はmimiというWebAPIサービスを提供しています。1日の利用回数制限はありますが、無償でmimi ASR（音声認識）、mimi powered by NICT（音声認識・機械翻訳・音声合成）、mimi SRS（話者識別）を試すことができます。また、有償にはなりますが、さらに追加の他社製エンジンを横断的に試し、比較することができます。

下記のノートブックを開きます。

> URL https://colab.research.google.com/github/tomo-makes/dl-in-a-sec/notebooks/blob/master/mimi_ja.ipynb

ノートブックは次のセクションから成ります。

- mimiのアカウント作成
- アプリケーションIDおよびクライアントIDの発行
- アクセストークンの取得
- 音声認識を試す
- 機械翻訳を試す
- 音声合成を試す

総実行時間は10分程度です。

▶ 入出力とモデル

mimiは商用のAPIサービスであるため、モデルの詳細は公開されていません。入出力のみ取り上げます。数は、音声認識の流れです。

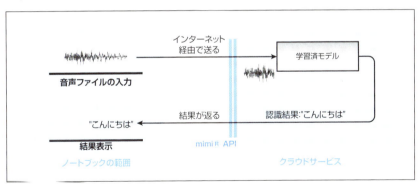

入出力は次のようになります。

- 音声認識
  - 入力　任意の人が話している音声データ
  - 出力　認識結果のテキスト

- 機械翻訳
  - 入力　特定の言語のテキスト
  - 出力　翻訳後の言語のテキスト
- 音声合成
  - 入力　任意のテキスト
  - 出力　合成された音声ファイル

E-Z NSynthでまだ聴いたことのない楽器の音を作る

　Googleにおける深層学習のアート適用プロジェクト**Magenta**（https://magenta.tensorflow.org/）発のシンセ用音合成です。

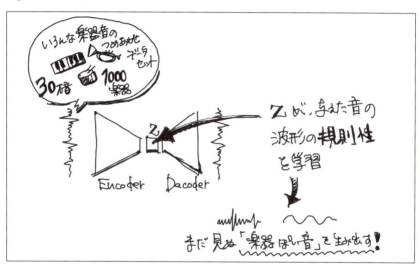

　下記のノートブックを開きましょう。

　URL https://colab.research.google.com/github/tomo-makes/dl-in-a-sec/notebooks/blob/master/NSynth_Colab_ja.ipynb

ノートブックは次のセクションから成ります。
- 概要説明
- 環境準備
- サウンドファイルを読み込む
- エンコード
- 合成する
- Interpolating sounds 音の隙間を補間する

　CycleGANと同様、それぞれのセクションでNSynthの構造を深く理解することができます。

▶ 入出力とモデル

音の波形を入力し、モデルが次元圧縮と復元をできるよう、教師なし学習を進めます。任意の波形を学習済みモデルに入力すると、変化した音の波形が生成出力されます。

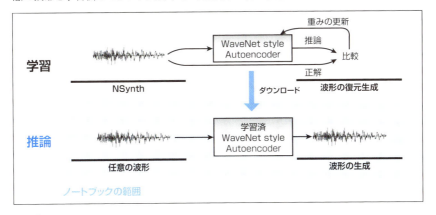

- 入力

  学習時には、The N-Synth Datasetを使います。

- 出力

  楽器の合成から生まれる新たなサウンドです。

- モデル

  WaveNet autoencoderです。

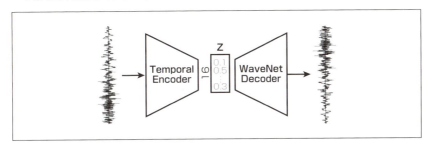

MusicVAEで作曲する

MusicVAEは、楽譜の潜在空間を学習し、さまざまなモードを提供します。

- インタラクティブな音楽制作
- 事前分布からの無作為抽出
- 既存のシーケンス間の補間
- 属性ベクトルを介した既存のシーケンスの操作

■ SECTION-011 ■ 音を扱う深層学習を試す

詳細については「MusicVAE: Creating a palette for musical scores with machine learning.」(https://magenta.tensorflow.org/music-vae)を参照してください。

これらの相互作用の例は下記のノートブックにアクセスします。

URL https://colab.research.google.com/github/tomo-makes/dl-in-a-sec/notebooks/blob/master/Music_VAE_ja.ipynb

また、作例はYouTubeのプレイリスト(https://www.youtube.com/playlist?list=PLBUMAYA6kvGU8Cgqh709o5SUvo-zHGTxr)から聞くことができます。

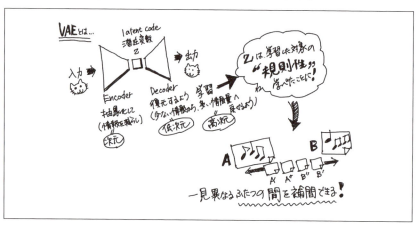

ノートブックは次のセクションから成り、**総実行時間は10分程度**です。
- 環境準備
- 2小節ドラムモデル
  - 学習済みモデルの読み込み
  - サンプルの生成
  - 生成した曲の補間
- 2小節メロディモデル
  - 学習済みモデルの読み込み
  - サンプルの生成
  - 生成した曲の補間
- 16小節メロディモデル
  - サンプルの生成
- 16小節トリオモデル(リード、ベース、ドラム)
  - サンプルの生成
  - 平均の生成

すべてのセルを実行とすると、生成されたMIDIファイルをダウンロードするので注意が必要です。

▶ 入出力とモデル

　MIDI系列データを入力し、モデルが次元圧縮と復元ができるよう、教師なし学習を進めます。任意の系列を学習済みモデルに入力すると、MIDI系列データが生成されます。

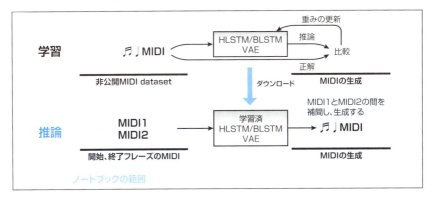

- 入力（学習時）

　MIDI dataset（closed）を使います。

- 出力

　MIDIファイルです。

- モデル

　HLSTM/BLSTM VAEです。

　短いシーケンス（2小節の「ループ」など）は、双方向LSTM Encoderを使用します。より長いシーケンスは、我々は新規の階層的LSTMを使います。これは、モデルがより長い構造を学習するのに役立ちます。

　また、複数のDecoderを、階層Decoderの最下層のembeddingで学習させることで、楽器間の相互依存関係をモデル化します。

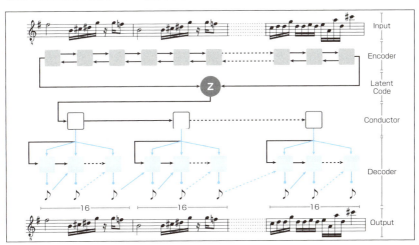

※出典　https://magenta.tensorflow.org/music-vae

▐▐▐ Performance RNNで即興演奏を行う

　Performance RNNは、LSTMのモデルを使い、作曲するとともにタイミングや強さの表現を自動で付けることができます。

　楽譜の通り正確にピアノを弾くと、それは味気なく聞こえてしまいます。演奏家は、楽譜を解釈し、タイミングや音の強さを自在に変え、心を動かす演奏を生み出します。このモデルは、多声音楽を作曲し、音の高さや長さを作り出します。そして、ピアニストが演奏しているようなタイミングや音の強さのアレンジを加えます。生成された音楽を、数十秒、数分と通しで聞くと、テーマが移り変わり荒削りな部分もあります。しかし、数秒ごとに切り取ると、まるで人が即興演奏しているように聞こえることでしょう。

　下記のノートブックにアクセスします。

　　URL https://colab.research.google.com/github/tomo-makes/dl-in-a-sec/
　　　　notebooks/blob/master/Performance_RNN_ja.ipynb

　ノートブックがColaboratoryで開きます。ノートブックは次のセクションから成り、**総実行時間は2分程度**です。

- 環境準備
- 曲および演奏データを生成する

▶ 入出力とモデル

　MIDIに似た系列データと次の音をペアで与える教師あり学習を行い、系列の入力に対し、モデルが次の音の予測を出力するよう、重みを更新します。学習済みモデルに任意の系列を与え、次々に音を予測、最終的に新しい音の系列(曲)を生成します。

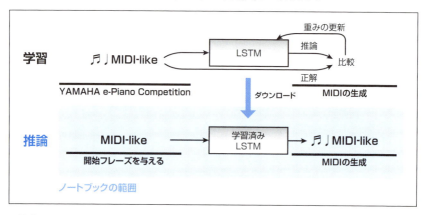

- 入力

　学習時は、Yamaha e-Piano Competition data setを使います。

- 出力

　MIDIに似た形式の系列データ生成です。

- モデル

  LSTMです。

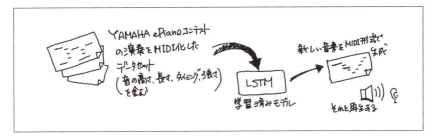

▶ 試してみよう

発展としては、ランダム度合いを制御するパラメータであるtemperatureを変えて、さまざまな音楽を生成してみましょう。デフォルトの1.0から大きくすると「遊び具合」が増えます。逆に小さくすると「堅い」作曲となります。

「https://magenta.tensorflow.org/performance-rnn」でもさまざまな条件で生成された曲を聞くことができます。

- Performance RNN: Generating Music with Expressive Timing and Dynamics （Magentaの詳細ページ）

  URL https://magenta.tensorflow.org/performance-rnn

録音からピアノの譜面を起こす

生演奏からMIDIなどの譜面やそのアノテーションに起こすタスクは、**音楽情報処理**（MIR: Music Information Retrieval）の中で、**Automatic music transcription**（AMT）と呼ばれます。モデルはこの論文（https://arxiv.org/abs/1710.11153）を実装した**Onsets and Frames**を使います。このモデルは、ピアノ演奏を入力として自動で譜面起こしができます。

下記のノートブックにアクセスします。

URL https://colab.research.google.com/github/tomo-makes/dl-in-a-sec/notebooks/blob/master/Onsets_and_Frames_ja.ipynb

ノートブックがColaboratoryで開きます。ノートブックは次のセクションから成ります。
- 環境準備
- モデルの初期化
- 音声ファイルのアップロード
- 推論

■ SECTION-011 ■ 音を扱う深層学習を試す

▶ 入出力とモデル

　ピアノ演奏の音波形と対応するMIDIデータで教師あり学習を行い、あるピアノ演奏の音波形の入力からMIDIデータが出力できるよう、重みを更新します。学習済みモデルに任意のピアノ演奏の音波形を与え、予測としてのMIDIデータを出力します。

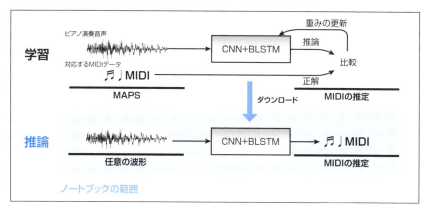

- 入力

　学習時は、MAPS Datasetを使います。

- 出力

　MIDI形式の系列データ生成です。

- モデル

　CNN+BLSTMです。

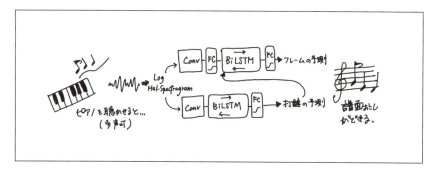

▶ 試してみよう

適当なWAV形式のピアノ演奏を見つける必要があります。public domain piano music といったキーワードで検索するとよいでしょう。

推論後、ピアノロールと、変換後の譜面をもとにした再生例を聞くことができ、MIDIファイルをダウンロードできます。

ブラウザ上で実行できるWebアプリも公開（https://magenta.tensorflow.org/oaf-js）されています。このデモはTensorFlow.jsとMagenta.jsを使い、実現されています。譜面起こしが高い精度で行えることが確認できます。ブラウザ上では、もとの音声ファイルと、変換後のMIDIファイルをシンセサイザー音で再生したものを比較できます。また、生成されたMIDIファイルをダウンロードすることもできます。

▌▌▌まとめと発展

音楽やアートでは、徳井直生氏（Qosmo社）のサーベイがおすすめです。ここでピックアップした以上に、さまざまなデモや動画がまとめられています。『Design with AI - AIとつくり、AIと学ぶ - vol.1 "AIと音響/音楽のいま"』セミナー資料（http://bit.ly/aiandsound）や、Deep Learningを用いた音楽生成方法のまとめサーベイ(ttps://medium.com/@naotokui/deep-learningを用いた音楽生成手法のまとめ-サーベイ-1298d29f8101)をぜひご覧ください。

また、日本音響学会は、発表後に一定時間を経過した論文をインターネット上で公開しています（https://www.jstage.jst.go.jp/browse/jasj/-char/ja）。最近では、74巻9号（https://www.jstage.jst.go.jp/browse/jasj/74/9/_contents/-char/ja）や74巻7号（https://www.jstage.jst.go.jp/browse/jasj/74/7/_contents/-char/ja）に、音声認識・翻訳・合成などの技術の変遷について、レビュー論文が寄稿されています。

SECTION-012

強化学習系を試す

強化学習は、ある環境下で、エージェントがベストな行動をとり続ける方法を学習します。
環境、エージェント、行動の例を挙げてみましょう。

- 環境
    - 自動運転なら歩行者や他の車両がいる道路の状況
    - ゲームなら刻一刻と変化するゲーム画面
- エージェント
    - 自動運転なら運転操作をするコンピュータ
    - ゲームならプレーヤといった行動の主体
- ベストな行動
    - 自動運転なら事故を起こさない安全な運転
    - ゲームならスコアが加点され続けるプレイ

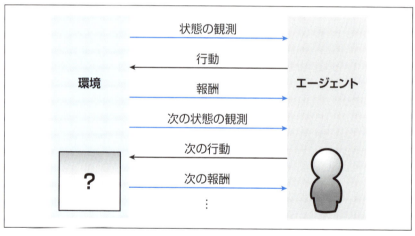

『画像／映像を扱う深層学習を試す』(p.102)にあった通り、学習済みの画像分類モデルは次の入出力を取りました。

- 入力：画像
- 出力：指定のカテゴリから正解を選択

学習済みの強化学習モデルには、どんな入出力を期待するでしょうか。

- 入力：観測する環境の状態(画像、数値、その他)
- 出力：ベストな行動

上記のモデルが得られたら「ある環境下で、エージェントがベストな行動をとり続ける」という目的を満たせそうです。また、47ページで述べた通り、深層学習が強化学習に適用され、注目を浴びています。

- モデル：深層学習+強化学習

環境の状態という入力を、行動という出力に変換する関数に深層ニューラルネットを使い、その関数を強化学習の枠組みで学習させ、入力に対し最適な出力が得られるよう調整します。本設では、**強化学習の考え方を概観した後、下記に紹介するツールを用いて、Colaboratory上での学習、推論**を試してみましょう。なお、これら以外のモデルも、後述するStable Baselinesで提供されていれば、簡単に差し替え、学習と推論を試せます。

種別	項目	環境	モデル
学習と推論	バランス制御を学習する	CartPole_v1	DQN
学習と推論	姿勢制御、着陸を学習する	LunarLander-v2、LunarLanderContinuous-v2	A2C/PPO
学習と推論	ブロック崩しを学習する	BreakOut-v0	DQN
学習と推論	自動運転を学習する	Donkey Simulator	SAC

強化学習の流れ

起こりうる状態が未知なとき、モデルをどう選び、どう学習を進めればよいでしょうか。イメージを持つため、人間の子供の学習プロセスから考えてみましょう。

ここに初めてシューティングゲームで遊ぶ子供がいるとしましょう。上から敵機が迫り、敵の弾丸を避けて自機を操り、弾丸を敵機に撃ち込み倒しながら、できる限りステージの先まで進むスタンダードなものです。経験者にはおなじみの構成ですが、この子には初めてです。あらかじめ教えるのは次の情報のみです。

- テレビにゲーム画面を見ること（状態の観測方法）
- 自機が倒されず、かつスコアを最大化すること（報酬）
- 方向キーとA、Bボタンを押せること（行動の選択肢）
- ゲーム開始・終了の方法（エピソード）

自機が方向キーで動くこと、ボタンで弾を撃ち敵機を倒せることも知りません。まずは十字キーやボタンをランダムに押し、どうなるか観測することを繰り返すでしょう。まだまともにゲームをしている状態になりません。試行錯誤もままならぬ内に、敵機に接触したり、弾丸に触れゲームオーバーになります。そのうちAボタンを押すと、近づく敵機を弾で退けられることを経験します。Bボタンを押すと、画面内の敵機を全滅する「ボム」が発動する経験をします。「ボム」による同時に倒した敵が多いとボーナス加点があることや、敵機を倒した後に出るアイテムを取り加点できる経験をします。何回も繰り返すうちに、徐々に勘所を掴んでスコアが上がります。

SECTION-012 ■ 強化学習系を試す

こうした子供の習熟プロセスは、強化学習でエージェントを学習させるプロセスと同じです。ステップを一般化してみましょう。

- 行動と、それに対する状態の変化（サンプルの生成）
- 自機の置かれた状態の良し悪しを判断（報酬を推定するモデルの学習）
- 置かれた状態から移動、攻撃の選択（方策の改善）

実際のアルゴリズムは、どの程度、環境の事前情報があるかに応じて、モデルベース、モデルフリー、モデルベースを補助に使ったモデルフリーなどの手法があります。ここではモデルフリーの事例を中心に試していきます。また、行動の学習手法として、価値ベース、方策ベース、その中間の手法があります。両方の手法を試していきます。

強化学習用のフレームワーク

強化学習を試すには、環境、エージェント、環境とエージェントを稼働させる場所を準備します。物理的にロボットアームを設営したり、自動運転車を走らせるには準備と手間がかかりますので、ここではコンピュータの中で完結するゲーム、シミュレータを取り上げ、実際に動かしてみましょう。

▶環境

OpenAI Gym（https://gym.openai.com/docs/）は強化学習のための環境と、やり取りのインタフェースを提供します。Gymは、基本的な制御課題、Atariのようなゲーム、MuJoCoのような物理シミュレータを環境として扱いやすい形で提供してくれます。ゲームやシミュレータとはいえ、下記をはじめとして数十あまりの環境を試すことができます。

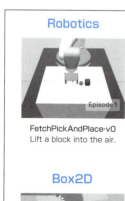
FetchPickAndPlace-v0
Lift a block into the air.

Humanoid-v2
Make a 3D two-legged robot walk.

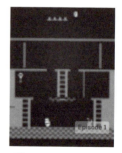
MontezumaRevenge-v0
Maximize score in the game MontezumaRevenge,with screen images as input.

CarRacing-v0
Race a car around a track.

CartPole-v1
Balance a pole on a cart.

▶エージェント

Baselines(https://github.com/openai/baselines)は、OpenAIによる強化学習アルゴリズム実装です。Stable Baselines(https://github.com/hill-a/stable-baselines)は、Baselinesをもとにソースコードの改善とドキュメントの充実化を図ったものです。深層学習フレームワークとしてTensorFlowを使いつつ、より簡単に強化学習・リプレイを試すことができます。10以上のアルゴリズムがすぐに試せる形で用意されており、カスタマイズもできます。さらに、Antonin Raffin氏のRL Baselines Zoo(https://github.com/araffin/rl-baselines-zoo)は、Stable Baselinesを使った70以上の学習済みエージェントが提供し、それらをコマンド1行で動作させられます。それぞれの関係は次の通りです。

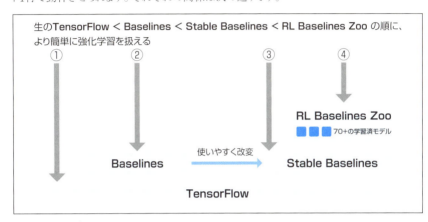

OpenAI Gymも、Stable Baselinesなども、Colaboratory上で動作させることができます。実際に試してみましょう。

▌バランス制御を学習する

学生のころの掃除の時間に、ホウキを手のひらの上に立ててバランスを取り遊んだ記憶はありませんか。CartPoleは、それを思い出させてくれます。台車の上に棒を立て、それが倒れないよう、台車を左右へ移動させる方法を攻略します。学習、実際の動作の動画生成を試してみましょう。

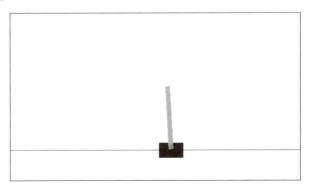

SECTION-012 強化学習系を試す

下記のノートブックにアクセスします。

URL https://colab.research.google.com/github/tomo-makes/dl-in-a-sec/notebooks/blob/master/RL_CartPole_ja.ipynb

ノートブックは以下のセクションから成ります。

- 環境準備
- Gym環境とエージェントを作成
- エージェントの学習と評価
- 1行のコマンドで学習
- リプレイ動画の生成

総実行時間は5分程度です。さらに学習をどの程度、続けるかは、自分で決められます。

▶ 環境、モデル、行動

登場するものを図にしてみましょう。

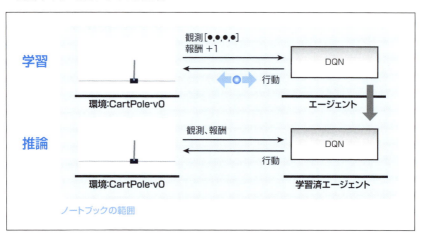

- 環境

OpenAI GymのCartPole-v1を使います。台車（Cart）と棒（Pole）の状態を示す4つの実数で、環境の状態を表します。

- Cartの場所
- Cartの速度
- Poleの角度
- Poleの角速度

それぞれの数字の意味を説明して与えることはしません。エージェントが試行錯誤し、それに反応する4つの実数の動き、得られる報酬の動きという経験を蓄積します。その蓄積から、どのような行動が報酬を最大化させるかを学習できます。

報酬としては、棒が立ち続けている限り各ステップで **+1** が与えられます。
エピソードは、棒が倒れるか、台車が画面外に出てしまうと終了します。

- **行動**

CartPole-v1の操作は、3つの離散値を取ります。
  - 右に動く
  - 左に動く
  - 動かない

たとえば、棒が左に傾いたら、台車を左に素早く動かして、棒が倒れるのを防ぎます。ただ、左に動きすぎたら今度は逆方向に棒が振れてしまいますね。そうした微妙な調整が求められます。

- **モデル**

環境の状態（4つの実数）をモデルに入力すると、そのニューラルネットが、右か左か何もしないか（3つの離散値）を出力するよう学習させます。その頭脳部分に、ここでは**Deep Q Network**（DQN）を用います。今回のモデルは、Policy Networkとして64ノードの中間層を2層持っています。

▶ **試してみよう**

ノートブックを実行し、学習を進めてみましょう。Tensorboardで推移を可視化することができます。

評価関数は、最後の100エピソードにおける報酬の平均を返します。学習前の、ランダムに初期化したエージェントでは報酬の平均は20程度でした。次に、学習後のエージェントでは、報酬の平均が150を超えています。

また、ステップ数は、学習プロセス中に実行されるステップ数を、フレームスキップ後の値で表したものです。ステップ数が増え学習が進むと、1エピソードにかかる時間が増えます。そのため学習後のエージェントでは、エピソード数も減っています。

姿勢制御、着陸を学習する

旗で挟まれた指定の地点に着陸できるよう宇宙船を操作する、LunarLanderを攻略してみましょう（参考：https://medium.com/@gabogarza/deep-reinforcement-learning-policy-gradients-8f6df70404e6）。OpenAI GymのLunarLander-v2と、LunarLanderContinuous-v2環境を使います。Valueベースのアルゴリズムは、基本離散値しか扱えません。一方、Policyベースのアルゴリズムは、連続値と離散値両方を扱うことができます。2環境でモデルを変えて学習してみます。学習、実際の動作の動画生成を試してみましょう。

SECTION-012 強化学習系を試す

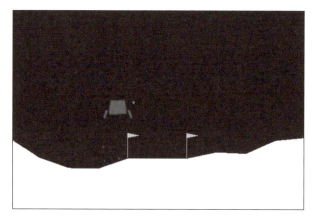

下記のノートブックにアクセスします。

URL https://colab.research.google.com/github/tomo-makes/dl-in-a-sec/notebooks/blob/master/RL_LunarLander_ja.ipynb

ノートブックは次のセクションから成ります。

- 環境準備
- LunarLander-v2編
  - Gym環境とエージェントを作成
  - エージェントの学習
  - 学習の推移
  - リプレイ動画の生成
- LunarLanderContinous-v2編
  - Gym環境とエージェントを作成
  - エージェントの学習
  - 学習の推移
  - リプレイ動画の生成

総実行時間は5分程度です。さらに学習をどの程度、続けるかは、自分で決められます。

▶ 環境、モデルと入出力

学習にあたって、登場するものを図にしてみましょう。

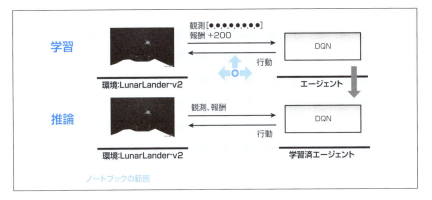

● 環境

OpenAI GymのLunarLander-v2と、LunarLanderContinuous-v2環境を使います。宇宙船を操作し、所定の場所に着陸させるゴールは同じですが、操作の方法が異なります。

宇宙船の位置や動きなどを示す8つの実数で、環境の状態を表します。
- 宇宙船の位置座標(x, y)
- 宇宙船の速度(Vx, Vy)
- 宇宙船の傾き
- 宇宙船の角速度
- それぞれ左右の足が接地しているか

報酬は、着陸位置に近づくだけ、またスピードが遅くなるだけ高くなります。つまり、正規の着陸状態に近づけば報酬が高くなるよう設計されています。

エピソードは、宇宙船が着陸するか、クラッシュするか、画面外に出てしまうと終了です。

● 行動

LunarLander-v2の操作は、4つの離散値を取ります。
- 何もしない
- 左エンジン点火
- 右エンジン点火
- メインエンジン点火

LunarLanderContinous-v2の操作は、2つの連続値、具体的には-1から1までの実数をとります。
- メインエンジン点火とその強さ
- 姿勢制御の左右エンジン点火とその強さ

SECTION-012 強化学習系を試す

次に述べるように、行動が離散値か連続値かによって、適用できるモデルが変わります。

● モデル

価値ベース（value based）のアルゴリズムは、基本離散値しか扱えません。一方、方策ベース（policy based）のアルゴリズムは、連続値と離散値両方を扱うことができます。2環境でモデルを変えて学習してみます。

▶ 試してみよう

ノートブックを実行し、学習を進めてみましょう。同様にTensorboardで推移を可視化することができます。

ブロック崩しを学習する

Atariのブロック崩し（Breakout）を攻略します（参考：https://towardsdatascience.com/reinforcement-learning-with-openai-d445c2c687d2）。Breakoutは、左右に移動するパドルでボールを打ち返し、画面上部に並んだブロックを破壊するゲームです。OpenAI GymのBreakout-v0環境を使います。学習、実際の動作の動画生成を試してみましょう。

下記のノートブックにアクセスします。

URL https://colab.research.google.com/github/tomo-makes/dl-in-a-sec/notebooks/blob/master/RL_BreakOut_ja.ipynb

ノートブックは次のセクションから成ります。

- 環境準備
- Gym環境とエージェントを作成
- エージェントの学習と評価
- 1行のコマンドで学習
- リプレイ動画の生成

総実行時間は5分程度です。さらに学習をどの程度、続けるかは、自分で決められます。

▶ 環境、モデルと入出力

学習にあたって、登場するものを図にしてみましょう。

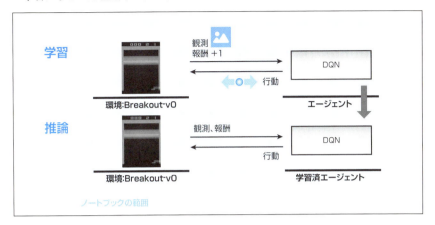

● 環境

OpenAI Gym Breakout-v0を使います。

これまでのゲームと異なり、状態は、画面をそのまま入力とします。ただし、画像の解像度を落とす、グレースケール化、フレームのスキップなどの前処理が行われます。そこからの特徴や局面の解釈・抽出はモデル側に任されています。

報酬は、正なら1、負なら-1、0ならばそのまま、とOpenAI GymのAtariはゲーム横断で統一されています。学習率などの設定を、複数のゲームに適用するための工夫です。

エピソードは、パドルでボールを上に打ち返せないか、全てのブロックを崩し終わったら終了します。

● 行動

Breakout-v0の操作は、3つの離散値を取ります。

- 左に動く
- 右に動く
- 何もしない

● モデル

Deep Q Networkを用います。

▶ 試してみよう

ノートブックを実行し、学習を進めてみましょう。同様にTensorboardで推移を可視化することができます。

自動運転を学習する

自動運転AIを作る、しかも5分で。そんなことが自分で試せるのでしょうか。

DIY文化の旗手、米WIRED誌元編集長で『ロングテール』『メーカーズ』の著者であるChris Anderson氏が、2016年12月に**DIY Robocars**(https://diyrobocars.com/)というコミュニティを立ち上げました。そこでは自作・自動操縦ラジコンカーレースが開催され、知見の共有が盛んに行われています。

Donkey Carは、自動操縦ラジコンのオープンソースプラットフォームです。ハードウェアの設計図とソフトウェア両方が公開されています。これを使うと、TensorFlowをRaspberry Piという小型コンピュータ上で動かし、市販のラジコンカーをオンボードカメラ映像だけを頼りに走らせることができます。ここではそのシミュレータである**Donkey Simulator**を使います。ご興味があれば、実際にラジコンを組み上げ動かしてみることもできます!

Wayve(https://wayve.ai/)というケンブリッジ大学発のスタートアップが発表の「20分あまりの学習で、シンプルな道を自動走行させた」モデルを応用します。より詳細は**Towards Data Scienceの記事**(https://towardsdatascience.com/learning-to-drive-smoothly-in-minutes-450a7cdb35f4)で確認できます。

※出典 https://www.youtube.com/watch?v=iiuKh0yDyKE

■ SECTION-012 ■ 強化学習系を試す

下記のノートブックにアクセスします。

URL https://colab.research.google.com/github/tomo-makes/dl-in-a-sec/notebooks/blob/master/RL_Donkey_sim_ja.ipynb

ノートブックは次のセクションから成ります。
- Gym環境とエージェントを作成
- エージェントの学習
- 学習の推移
- リプレイ動画の生成

総実行時間は10分程度です。

▶ 環境、モデルと入出力

学習にあたって、登場するものを図にしてみましょう。

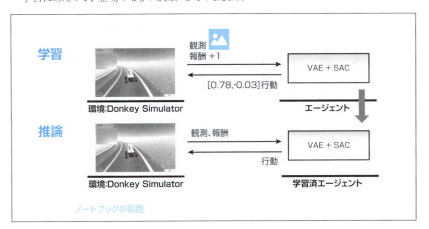

● 環境

Donkey Car Simulatorを用います。

状態は、画面をそのまま入力とします。その点はBreakout-v0と同じです。しかし、Breakout-v0は「俯瞰的視点で画面切替がない」ものでした。今回は「一人称視点で画面切替がある」点が異なります。これまでの方法では、うまく学習が進みません。後のモデルの項目で、そのような場合の工夫を説明します。

報酬は、**車がコース上を（コントロールを失うほど無謀でない範囲で）できるだけはやく走れば高くなる**よう設計します。車がコース上を走っていればステップごとに **+1**、コースアウトしたら **-10**、またコースアウト時のスピードが速ければ、無謀運転としての追加の罰則を与えました。ただし、コース上にいる限りはアクセルの踏み込みに比例した報酬も与えます。

エピソードは、車がコースアウトすると終了します。

- 行動

  車の操作状況を表す2つの連続値、具体的には -1 から 1 までの実数をとります。
    - ステアリングの角度
    - アクセルの踏み込み

- モデル

  「一人称視点で画面切替がある」入力をうまく扱うため、Wayveは**状態表現学習**(SRL; State Representation Learning)を使い、性能を上げました。SRLとは、高次元な生の観測データから、特徴を学習し、低次元の状態表現を見つけるという分野です。カメラ映像をSRLモデルに入力、その出力を行動を学習するモデルに入力、最後の出力に行動となります。

  ここではSRLに**VAE**の事前学習、行動を学習するモデルに**SAC**(Soft Actor-Critic)を用います。

▶ 試してみよう

本書では取り上げませんが、実際にDonkey Carを組み立てたら、学習済みモデルを使って、実際にDonkey Carを走らせることもできます。

さらに、「一人称視点で画面切替がある」ケースをうまく扱う、**World Models**(https://worldmodels.github.io/)のWebページでインタラクティブなデモに触れてみましょう。

他の環境を試す

RL Baselines Zooには、他にもさまざまな学習済みエージェントが提供されています。自分の好きな環境での学習、推論を試してみましょう。

Stable Baselines／RL Baselines Zooでは、実績のあるハイパーパラメータがすでに設定されています。それらを変更し、学習が安定して進むかも試してみましょう。強化学習は、ハイパーパラメータのチューニングが未だにとても難しく、論文などの再現においても苦労があります。

Stable Baselinesは、準備されたOpen AI Gymなどの環境での活用に止まりません。面白い例では、強化学習による株式、FXの自動取引開発にも使われます。自分のプロジェクトを探し、挑戦してみましょう。

まとめと発展

甲野佑氏（DeNA）のスライド『**多様な強化学習の概念と課題認識**』(https://www.slideshare.net/yukono1/ss-102843951)は、とても分かりやすくまとまっています。

さらに書籍では、2019年1月発売の『**Pythonで学ぶ強化学習 入門から実践まで**』（久保隆宏著、講談社刊）が最近の内容を網羅的に扱う決定版といえます。Q学習、SARSAから、Deep Q Network、Actor-Critic、Policy Gradientを実装しながら理解できます。また最近の強化学習のトレンド、限界についても触れられています。

SECTION-013

深層学習を使ったアプリのPrototyping

　p5.jsとml5.jsを使って、深層学習を利用したWebアプリケーションの作成に挑戦します。まず、作例をいろいろと触って、動かしてみましょう。次にインタラクティブなアプリのプロトタイピングを通して、深層学習・機械学習を使ったアプリを作る流れを身に付けます。プロトタイプとはいえ、実際にWeb上に公開することもできます。この章のみ、開発言語にPythonではなくJavaScriptを使います。

▊▊ JavaScriptのMLライブラリ

　JavaScript用の機械学習ライブラリとしては、次のものがあります。

▶ p5.js

　MIT Media Labで開発された電子アート、ビジュアルデザイン用の言語および開発環境ProcessingのJavaScript版です。Web上のエディタが準備され、すぐに試すことができます。UIを実装しやすく、プロトタイピングに向きます。

▶ ml5.js

　TensorFlow.jsを手軽に扱えるようにするラッパーであり、よく使う学習済みモデルを1行のJavaScriptコードで使えます。p5.jsには、Web上の開発環境があり、準備不要ですぐに試すことができます。TensorFlow.jsのラッパーとして提供されます。

▶ Magenta.js

　Magentaで提供されるモデルを使った推論のJavaScript APIが、TensorFlow.jsのラッパーとして提供されます。画像系はml5.jsと重なる点もありますが、音楽系のモデルが豊富です。

▶ TensorFlow.js

　ブラウザ上で機械学習モデルを学習、実装するためのライブラリであり、Node.jsを使って作られています。先に紹介したTensorFlow Playgroundも、このTensorFlow.jsをベースに作られています。

　それぞれの関係性を図示します。

■ SECTION-013 ■ 深層学習を使ったアプリのPrototyping

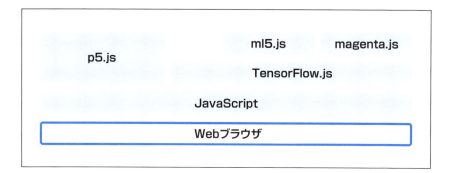

▎プロトタイプの開発環境

p5.js Web Editor（https://editor.p5js.org/）を使います。ブラウザで開いてみましょう。画面構成を説明します。

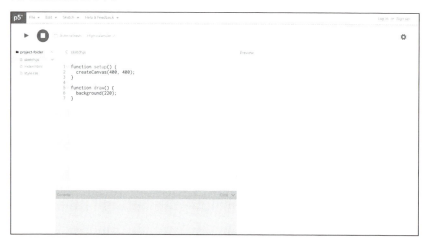

左ペインのproject-folder配下に、3つのファイルが表示されています。

- sketch.js
- index.html
- style.css

▶ sketch.js

実行コードの本体です。モデルの読み込みや推論、それに応じた画面の変化、インタラクティブなアプリの場合は、ボタンなどの挙動を記述します。

▶ index.html

読み込むJavaScriptライブラリを定義します。ml5.js、magenta.jsを使うときは、それぞれ下記を追加します。

```
# ml5jsを使う
<script src="https://unpkg.com/ml5@0.1.3/dist/ml5.min.js" type="text/javascript"></script>
```

```
# magenta.jsを使う
<script src="https://cdn.jsdelivr.net/npm/@magenta/music@1.0.0"></script>
```

他に、表示画面の基本枠を定義することもあります（sketch.js内で画面の記述が完結することもあります）。

▶ style.css

デザインの変更が必要なときに編集します。

再び、それぞれの関係性を図示します。

それぞれを編集し、上段の再生ボタンを押すと、右ペインでアプリケーションの動作を確かめられます。また、左ペインで編集を加えて再生ボタンを押すと、更新されたコードでの動作を確かめられます。

事前学習済みのモデル

ml5.jsでは、次の学習済みモデルが提供されています。

- 画像／映像
    - featureExtractor
    - imageClassifier
    - KNNClassifier
    - poseNet
    - pix2pix
    - SketchRNN
    - styleTransfer
    - YOLO

■ SECTION-013 ■ 深層学習を使ったアプリのPrototyping

- 音楽／音声
  - pitchDetection
- 文章／言語
  - word2vec
  - charRNN

magenta.jsでは次の学習済みモデルが提供されています。

- 画像／映像
  - @magenta/image
    - Fast arbitrary image stylization
  - @magenta/sketch
    - SketchRNN
- 音楽
  - @magenta/music
    - Piano transcription with onsets and frames
    - MusicRNN
    - MusicVAE

ご覧の通り、画像や自然言語系の基本のモデルはml5jsに、音楽系はmagenta.jsに、多くモデルが提供されています。

いろいろな作例を動かしてみる

ml5js/ml5-examples(https://github.com/ml5js/ml5-examples/)に、作例が紹介されています。作例はp5.jsを使ったものと、生のJavaScriptを使ったものの2種類が用意されています。それぞれ次の内容を試すことができます。

カテゴリ		モデル
画像／映像	FeatureExtractor	Classification
		Regression
	ImageClassification	Multipleimages
		Video
		VideoScavengerHunt
		VideoSound
		VideoSoundTranslate
	KNNClassification Video	
	PoseNet	image single
		webcam
	YOLO	
	StyleTransfer	image
		video
	Pix2Pix	callback
		promise

カテゴリ		モデル
画像／映像	SketchRNN	basic
		interactive
音声／音楽	PitchDetection	Game
		Piano
文章／言語	Word2Vec	
	LSTM	Interactive
		Text
		Text Stateful

リポジトリのREADMEを参考に動かしてみましょう。

▶ リポジトリをローカルにコピーする

「Clone or download」ボタンから「Download ZIP」を押し、ファイルをダウンロードすることができます。

またはgitを使い、コマンドラインから `git clone https://github.com/ml5js/ml5-examples.git` とし、リポジトリをローカルに複製します。

▶ ローカルにWebサーバーを立ち上げる

ダウンロードしたディレクトリに移動し、ローカルに簡易Webサーバーを立ち上げます。Pythonの簡易Webサーバー機能が便利でしょう。

```
# Python2系
$ python -m SimpleHTTPServer
```

```
# Python3系
$ python -m http.server
```

▶ 作例を開く

ブラウザのアドレスバーに下記を入力し、ディレクトリを指定して開きます。

```
http://0.0.0.0:8000
```

Webサーバーが正しく立ち上がっていれば、ブラウザに下記が表示されます。

```
Directory listing for /

  • .git/
  • .gitignore
  • .vscode/
  • CONTRIBUTING.md
  • javascript/
  • LICENSE
  • p5js/
  • README.md
```

p5js/配下には、p5jsライブラリを活用したデモがあります。javascript/配下には、生のJavaScriptで書かれたデモがあり、一部内容が異なっています。表示されたリンクをたどり、各デモを表示してみましょう。

■ SECTION-013 ■ 深層学習を使ったアプリのPrototyping

▶Webサーバーを終了させる

デモの確認を終えたら、実行中のWebサーバーを終了させます。Macのコマンドプロンプトの場合、実行中のシェルからCtrl+cキーで終了します。

既存のアプリ作例を見る（PoseNet）

ml5-exampleの1つに、p5js Editor上でPoseNetを動かす例（https://editor.p5js.org/ml5/sketches/B1uDXDugX）があります。よりお手軽に、ブラウザ上のみで試すことができます。

構成する3つのファイルを見ていきましょう。

▶index.html

`p5.min.js`、`p5.dom.min.js`、`p5.sound.min.js`の3つのライブラリ、および`sketch.js`を使うことが宣言されています。

```
<!--
Copyright (c) 2018 ml5

This software is released under the MIT License.
https://opensource.org/licenses/MIT
-->

<!DOCTYPE html>
<html>
  <head>
    <script src="https://cdnjs.cloudflare.com/ajax/libs/p5.js/0.6.1/p5.min.js"></script>
    <script src="https://cdnjs.cloudflare.com/ajax/libs/p5.js/0.6.1/addons/p5.dom.min.js">
    </script>
    <script src="https://cdnjs.cloudflare.com/ajax/libs/p5.js/0.6.1/addons/p5.sound.min.js">
    </script>
    <script src="https://unpkg.com/ml5" type="text/javascript"></script>
    <link rel="stylesheet" type="text/css" href="style.css">
    <meta charset="utf-8" />
  </head>

  <body>
    <h1>PoseNet example with Single detection</h1>
    <script src="sketch.js"></script>
  </body>

</html>
```

▶ sketch.js

まずキャンバス(表示領域)の縦横サイズ、使用する video 、poseNet 、poses 、skeletons などの変数を宣言します。次に、setup() 、draw() 、drawKeypoints() 、drawSkeleton() 、gotPoses() の5つの関数を定義しています。それぞれの役割は次の通りです。

- p5js default
  - setup()：描画領域をcreateCanvas()で定義。createCaptureで、Webカメラからの映像取り込みを指定。poseNetのモデルを読み込み、後述のgotPoses()をcallbackに設定する。
    - 参考「A note on using Promises and Callbacks · ml5js」(https://ml5js.org/docs/promises-callback)
  - draw()：Webカメラから取り込んだ映像をcanvasにあわせて描画する。その上に、drawKeypoints()とdrawSkeleton()で描画する。
- custom
  - gotPoses()：poseNetモデルからのcallbackを受け取る。推論が行われるたび、gotPoses()が呼び出され、結果がposesに格納される。
  - drawKeypoints(): 映像の上に、posesから抽出した特徴点をプロットする。
  - drawSkeleton(): 映像の上に、posesから抽出した棒人間を描画する。

```
// Copyright (c) 2018 ml5
//
// This software is released under the MIT License.
// https://opensource.org/licenses/MIT

/* ===
ML5 Example
PoseNet using p5.js
=== */

let w = 315;
let h = 315;
let video;
let poseNet;
let poses = [];
let skeletons = [];

function setup() {
  createCanvas(w, h);
  video = createCapture(VIDEO);

  // Create a new poseNet method with a single detection
  poseNet = new ml5.PoseNet(video, 'single', gotPoses);
```

```
  // Hide the video element, and just show the canvas
  video.hide();
  fill(255, 0, 0);
  stroke(255, 0, 0);
}

function draw() {
  image(video, 0, 0, w, h);

  // We can call both functions to draw all keypoints and the skeletons
  drawKeypoints();
  drawSkeleton();
}

// A function to draw ellipses over the detected keypoints
function drawKeypoints() {
  // Loop through all the poses detected
  for(let i = 0; i < poses.length; i++) {
    // For each pose detected, loop through all the keypoints
    for(let j = 0; j < poses[i].pose.keypoints.length; j++) {
      // A keypoint is an object describing a body part (like rightArm or leftShoulder)
      let keypoint = poses[i].pose.keypoints[j];
      // Only draw an ellipse is the pose probability is bigger than 0.2
      if (keypoint.score > 0.2) {
        ellipse(keypoint.position.x, keypoint.position.y, 10, 10);
      }
    }
  }
}

// A function to draw the skeletons
function drawSkeleton() {
  // Loop through all the skeletons detected
  for(let i = 0; i < poses.length; i++) {
    // For every skeleton, loop through all body connections
    for(let j = 0; j < poses[i].skeleton.length; j++) {
      let partA = poses[i].skeleton[j][0];
      let partB = poses[i].skeleton[j][1];
      line(partA.position.x, partA.position.y, partB.position.x, partB.position.y);
    }
  }
}

// The callback that gets called every time there's an update from the model
function gotPoses(results) {
  poses = results;
}
```

▶ style.css

必要最低限のスタイル指定のみ行っています。htmlをブラウザで表示するとき、いろいろな要素の間には自動的に余白が設定されますが、それら（margin, padding）をなくし、隙間なく要素を並べる設定をしています。

```
html, body {
  margin: 0;
  padding: 0;
}
```

自分でアプリを作ってみる

では、1つモデルを選び、アプリケーションを作ってみましょう。自分で作るときも、同様にsketch.js、index.html、style.cssの3ファイルを作ります。上記した学習済みモデルとp5.jsが扱えるメディアをもとに、何ができるか考えてみましょう。

作成に当たっては、アジャイルな開発方法と取り入れてみましょう。まず**MVP**（Minium Viable Product）を目指します。デザインや動作は荒削りでも、ユーザーが一連の動作を確認できる状態まで作ります。その後、**スパイラルアプローチ**で動かしながら改善を重ねていきます。

p5.js Web Editorは、Editorで作ったあと、そのアプリの永続的なリンクを生成し、作品をWeb上に公開することができます。**GitHub Pages**、**Netlify**といった無償の静的Webサイトのホスティングサービスを使うこともできます。

まとめと発展

ml5.jsが生まれたニューヨーク大学のITP（the Interactive Telecommunications Program）での2018秋学期講義**Machine Learning for the Web**（https://github.com/yining1023/machine-learning-for-the-web）の資料やコードがGitHubに公開されています。講義は7週にわたり構成されています。学生の最終課題を見ることもできます。

- Week 1 機械学習の初歩とMobile Net
- Week 2 画像分類（KNN classifier、PoseNet）
- Week 3 画像変換（その1）スタイル変換
- Week 4 画像変換（その2）pix2pix
- Week 5 最終課題のテーマ設定とゲスト講義
- Week 6 自分でモデルを作る
- Week 7 最終課題のプレゼン

Machine Learning for Artists（ml4a; http://ml4a.github.io/）にも、ml5.jsを用いた作例が公開されています。メニューからdemosを見てください。

学習済みモデルを容易に扱えるml5.jsやmagenta.jsですが、カスタムモデルを扱うことは、まだあまり柔軟にできません。先述のNYU ITP Week 6の講義にもある通り、TensorFlow.jsを生で扱う必要があります。

CHAPTER 04

Colaboratory 使いこなしガイド

SECTION-014

Colaboratoryとは

　Colaboratoryは、主要ブラウザですぐに使えるPython実行環境です。機械学習の教育・研究用に、Googleが無償で提供しています。Pythonのソースコードを対話型で実行できるだけでなく、作ったものを共有・共同編集できます。

　もともとはJupyterというオープンソースプロジェクトから派生したものです。Jupyterは、2010年代前半から前身のIPythonプロジェクトが始まりました。その後、名前を変え、データサイエンス、機械学習コミュニティで広く使われています。そのため、Colaboratoryでも書籍などで解説されるJupyter用Tipsの一部を使えます。ただし、Jupyterを使うには、各自で準備した実行用のマシンにインストールする必要がありました。

　Jupyterと異なる点として、Colaboratoryにはランタイムがついてきます。ランタイムとは、Colaboratory起動時に割り当てられるLinuxの仮想マシンです。Colaboratory上でのコードの実行は、Googleのデータセンターのサーバーで動いている、ランタイム側で行われます。そのため、手元のPCのスペックを気にしなくて済みます。ただし、ランタイムには割り当ての時間制限があります。本節ではそうした制限とのうまい付き合い方、またColaboratoryにプロジェクトが収まらなくなったときの対処方法も解説します。

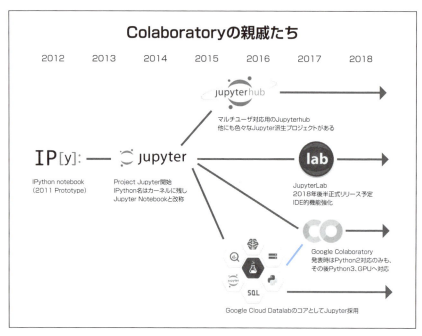

SECTION-015

Colabを開いてみよう

Google Colaboratory（https://colab.research.google.com/）を開きます。新規ノートブックを作る、既存のノートブックを使う、いずれかの方法で始められます。

新規ノートブックを作る

Colabメニューから、［ファイル］→［Python3の新しいノートブック］を選び、作成します。

さらに既存の `.ipynb` 形式ノートブックを開くこともできます。主に3つの場所から開けます。また、Colaboratoryの画面から開く、対応アプリやURL指定で開くの2つの開き方があります。

- Googleドライブから開く
- GitHubから開く
- ローカルファイルをアップロードし開く

既存のノートブックを開く（Googleドライブ）

Googleドライブ側から開く、Colaboratory側から開く、双方からのやり方があります。

▶ Colabメニューから開く

2つのやり方があります。

［ファイル］→［ノートブックを開く］から、「GOOGLEドライブ」タブを選ぶと、［My Drive］→［Colab Notebook］配下にあるノートブックを選択して開くことができます。

または、**ドライブの共有リンクid** がわかる場合は、`https://colab.research.google.com/drive/{Googleドライブ共有リンクのid}` で開くこともできます。

▶ Googleドライブから開く

Googleドライブ上のファイル一覧からノートブック（.ipynb）を選択し、開くアプリケーションとしてColaboratoryを指定すると、直接開けます。

既存のノートブックを開く（GitHub）

GitHubにある既存のノートを開く方法には、Colabメニューから開く方法とURLを指定して開く方法があります。

▶ Colabメニューから開く

まず［ファイル］→［ノートブックを開く］から、「GITHUB」タブを選びます。GitHub URL、組織またはユーザーを入力し、検索します。すると、該当のリポジトリやブランチを選ぶことができます。そこから目的のノートブックを開きます。

▶ URLで開く

`https://colab.research.google.com/github/{URLの、github.com/以下部分}` で、直接開きます。

■ SECTION-015 ■ Colabを開いてみよう

既存のノートブックを開く（ローカルからアップロード）

［ファイル］→［ノートブックをアップロード］から、ローカルにある任意の.ipynbファイルを開けます。

SECTION-016

ノートブックの構成

Colabの画面は以下から構成されています。各エリアについて説明します。

■ メニュー

メニューは下記のようになっています。

▶ ファイル

Python2系/3系を選び、新規ノートブックを作成できます。作ったノートブックの保存先は、GitHub Gist／GitHub／Googleドライブを選ぶことができます。ノートブック／Pythonソースコードいずれかのフォーマットでのダウンロード、印刷もできます。

▶ 編集

セルの検索、コピー・ペーストその他の操作、実行後に出力を消去するなどの操作が行えます。

▶ 表示

ノートブックの情報やコードの実行履歴、セクションの展開や折り畳みを操作できます。

▶ 挿入

コード、テキスト、セクションヘッダーそれぞれのセルが挿入できます。スクラッチコードセルは、セルとして保存するまでもない、簡単な確認のコードをインタラクティブに実行するのに便利です。

▶ ランタイム

セルの実行や、ランタイム条件の変更、再起動などを行えます。

▶ ツール

　ノートブックのテーマ（ライト・ダークの2種類）、インデントの設定、キーボードショートカットの設定など、さらに使いやすく環境を整備するための設定が行えます。

▶ ヘルプ

　FAQの表示、コードスニペットの検索や、バグ報告、stackoverflowへのリンクなどがあります。

▶ 共有

　ノートブックの共有リンクを取得できます。

左ペイン

　左ペインは下記のようになっています。

▶ 目次

　右ペインのセクションヘッダーセルに `#` 、`##` 、`###` などの見出しを記述しておくと、このエリアに目次と各見出しへのリンクが自動生成されます。一定以上大きなノートブックを扱うときに便利です。

▶ コードスニペット

　よく使うコード片を検索し、そのまま右ペインのコードセルで使うことができます。

▶ ファイル

　ランタイム上にあるファイルを、GUIでブラウズできます。ここからファイルをダウンロード、アップロードすることができます。

右ペイン

　右ペインは、コードセルとMarkdownセルから構成されます。基本はこのセル上で、再生ボタン、またはShift + Enterキーでコードを実行します。

▶ コードセル

　Python、またはシェルコマンドなどを記述し、実行するためのセルです。左側に再生ボタンが表示されます。［ランタイム］→［すべてのセルを実行］から、セルをすべてまとめて実行することもできます。

▶ セクションヘッダーセル、テキストセル

　コードに対応する説明などを書きます。ここではMarkdown記法を使うことができます。JupyterでのMarkdownセルに相当します。

ステータス

　接続、割り当て中、再接続、接続済みなど、ランタイムとノートブックの接続状況が表示されます。また、ホスト型ランタイムから、ローカルランタイムへの接続切り替えも行えます。

SECTION-017

ノートブックの基本操作

　右ペインのコードセルにソースコードを書き、それらのセルを逐次実行していきます。セクションヘッダーやテキストセルを定義し、そこにコメントを記述することもできます。

▌ Pythonの実行

　セルにそのままソースコードを書くことで、実行できます。また、変数名のみで実行すると、中身を表示することができます。

▌ シェルコマンドの実行

　下記のようにすると、ランタイムに対してシェルコマンドを実行できます。

```
!{コマンド}
```

▌ カレントディレクトリの変更

　`!cd` ではディレクトリ変更が反映されません。 `%` で始まるマジックコマンドを使います。

```
%cd {対象ディレクトリ}
```

　マジックコマンドは、Jupyter（iPython）で使える `%` で始まる便利コマンド群のことです。チートシート（https://damontallen.github.io/IPython-quick-ref-sheets/）も公開されています。
　応用として、たとえば `git clone` したソースから、コンパイルしてインストールしたい場合は次のような流れとなります。

```
!apt-get {依存するパッケージ}
!pip install {依存するPythonパッケージ}
%cd /content
!git clone {対象リポジトリ}
%cd {対象ディレクトリ}
!./configure
!make
!make install
```

　基本的に、`README.md` などのインストールガイド、シェルコマンドは `!{コマンド}` とし、`cd` は `%cd` に変えることで、コンパイルの前提となるパッケージがインストールされていないために生じるエラーなどが起こらない限り、動くはずです。
　またはシンプルに、`%%bash` を使い、シェルコマンドのみを実行するセルを作ることもできます。

```
%%bash
apt-get {依存するパッケージ}
pip install {依存するPythonパッケージ}
cd /content
git clone {対象リポジトリ}
cd {対象ディレクトリ}
./configure
make
make install
```

パッケージ導入

　Colabを使い始めると、毎回、ランタイムがまっさらな状態(とはいえ **CUDA/cuDNN**、**numpy**、**scipy**、**tensorflow** など基本的なものは導入済み)で立ち上がります。**pip** による pythonライブラリ追加、**apt-get** によりパッケージを追加します。

```
!apt-get update
!apt-get install {パッケージ名}
!pip install {パッケージ名}
```

SECTION-018

ノートブックのランタイム

　Colabノートブックはどのように動いているのでしょうか。見た目はGoogleドライブ、スプレッドシート、ドキュメントと同様、ブラウザから使えるシングル・ページ・アプリケーションです。このノートブックの後ろには、仮想マシン、より正確にはコンテナが立ち上がっています。それぞれのコンテナには、メモリやストレージ、GPUのありなしなどの環境が割り当てられます。Colabではそれを**ランタイム**と呼びます。

ランタイムの仕様

2019年3月時点では、ランタイムに下記の環境が割り当てられます。

- n1-highmem-2相当のインスタンス
- Ubuntu 18.04
- 2vCPU @ 2.2GHz
- 13GB RAM
- (GPUなし／TPU)40GB、(GPUあり)360GBのストレージ
- GPU NVIDIA Tesla K80 12GB

　n1-highmem-2はGoogle Cloud Platform(GCP)で提供される、仮想マシンタイプの1つです。裏側にはGCPのVMと、その上のコンテナが割り当てられているようです。また、無償で提供されているため、時間や容量の制限があります。

- アイドル状態が90分続くと停止
- 連続使用は最大12時間
- Notebookサイズは最大20MB

GPUの有効化

次の手順で、GPUを有効化できます。

❶ 画面上部のメニュー［ランタイム］→［ランタイムのタイプを変更］で、「ノートブックの設定」を開きます。
❷ ハードウェアアクセラレータに「GPU」を選択し、「保存」を押します。
❸ 「[+]コード」を押して、コード入力用のセルを追加します。
❹ セルに下記を入力し、実行します。

```
import tensorflow as tf
tf.test.gpu_device_name()
```

❺ 下記が出力されると、正しくGPUがアサインされています。

```
'/device:GPU:0'
```

割り当てられるGPUが足りなくなり、エラーとなることもあります。その場合は、時間をおいて試してみてください。

TPUの有効化

同様に学習を高速化するものとして、Googleの提供するTPUという専用チップを有効化することもできます。

2018年9月にTPUを使うこともできるようになりました。

> URL hhttps://blog.kovalevskyi.com/howto-start-using-tpus-from-google-colab-in-few-simple-steps-fff0fd2cb361

SECTION-019

ランタイムの管理

Colabの時間やリソースの制限を正しく理解し、その中でうまく活用する方法を解説します。

90分ルールと12時間ルール

Colabは無償で提供されているため、次のように時間や容量の制限があります。

- アイドル状態が90分続くと停止する
- 連続使用は最大12時間まで

こうした、Colabの通称90分ルールと12時間ルールという制限を理解して、うまく活用しましょう。

▶90分ルール

ブラウザを閉じる、PCがスリープに入るなどして、ノートブックのセッションが切れると発動します。そこから90分が経過すると、セルが実行中であるか否かにかかわらず、ランタイムがリセットされます。継続するためには、マシンのスリープを切る、スマートフォンからノートブックを開きランタイムに接続する、などの工夫が必要です。

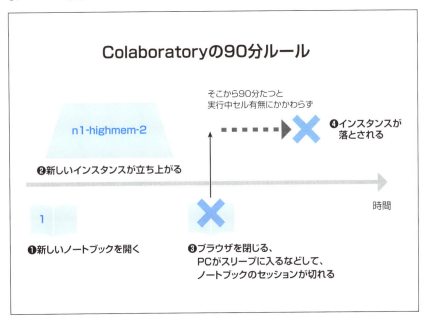

■ SECTION-019 ■ ランタイムの管理

▶12時間ルール

　起動から12時間が経過すると、セッションの有無にかかわらず、ランタイムがリセットされます。ランタイムが一度起動すると、同じ条件（Pythonバージョン、GPU有無）で新しいノートブックを開くと、接続先のランタイムは同一です。

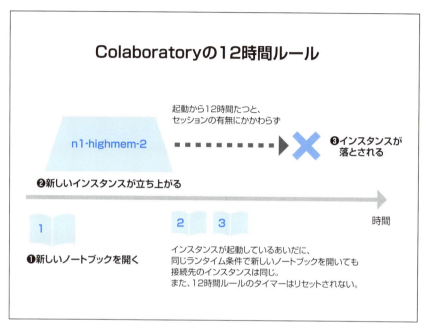

　次のシェルコマンドをセルから実行すると、ランタイム起動からの経過時間がわかります。

```
!cat /proc/uptime | awk '{print $1 /60 /60 /24 "days (" $1 "sec)"}'
```

```
0.0146818days(1268.51sec)
```

　この数字が **0.5days** を超えると、通常、数分以内にランタイムが再起動されます。

　実行中にこの状態が近づいたら、学習途中のモデルのバックアップをColabランタイム外（Googleドライブなど）に取るなどして、データが失われないようにしましょう。

　たとえば、TensorFlow/Kerasでは、保存しておいた学習済みモデルの重みを読み込み、学習を再開することができます。 .hdf5 ファイルは、ネットワーク構造、重みのスナップショットであり、読み込めば学習を再開できます。こうした学習の再開方法を、ご自身の使うフレームワークで確認しておきましょう。

```
# モデルの読み込み（再 model.compile() は不要）
model = loadl_model("drive/xxx.hdf5")

# 学習再開など
model.fit(...)
```

残りリソース（ディスク、メモリ）

注意しておくべき上限値は下記の通りです。また、最新のColabの機能改善により、それぞれCPU、メインメモリ利用率、ディスク使用率について、ゲージが表示され、一目でわかるようにもなりました。

- ストレージはGPUなしやTPU利用の場合40GB、GPUありの場合360GB Storage
- メインメモリは13GB RAM
- GPUメモリは12GB

▶ ストレージ

`df` で確認できるので上限に目を配ります。 `overlay` の `Avail  319G` 部分の低下を見ます。

```
!df -h
```

```
Filesystem      Size  Used Avail Use% Mounted on
overlay         359G   22G  319G   7% /
tmpfs           6.4G     0  6.4G   0% /dev
tmpfs           6.4G     0  6.4G   0% /sys/fs/cgroup
tmpfs           6.4G   12K  6.4G   1% /var/colab
/dev/sda1       365G   26G  340G   8% /opt/bin
shm             6.0G     0  6.0G   0% /dev/shm
tmpfs           6.4G     0  6.4G   0% /sys/firmware
```

▶ メインメモリ

70〜80%の使用を超えると、警告ダイアログが表示されます。 `free` で同じく上限に目を配ります。 `available  12G` 部分の低下を見ます。

```
!free -h
```

```
              total        used        free      shared  buff/cache   available
Mem:            12G        431M         10G        900K        1.7G         12G
Swap:            0B          0B          0B
```

▶ GPUメモリ

利用状況は次のように確認します。 `0MiB / 11441MiB` の数値の上昇を見ます。

```
!nvidia-smi
```

SECTION-019 ランタイムの管理

```
Mon Feb 11 16:41:22 2019
+-----------------------------------------------------------------------------+
| NVIDIA-SMI 410.79       Driver Version: 410.79       CUDA Version: 10.0     |
|-------------------------------+----------------------+----------------------+
| GPU  Name        Persistence-M| Bus-Id        Disp.A | Volatile Uncorr. ECC |
| Fan  Temp  Perf  Pwr:Usage/Cap|         Memory-Usage | GPU-Util  Compute M. |
|===============================+======================+======================|
|   0  Tesla K80           Off  | 00000000:00:04.0 Off |                    0 |
| N/A   31C    P8    29W / 149W |      0MiB / 11441MiB |      0%      Default |
+-------------------------------+----------------------+----------------------+

+-----------------------------------------------------------------------------+
| Processes:                                                       GPU Memory |
|  GPU       PID   Type   Process name                             Usage      |
|=============================================================================|
|  No running processes found                                                 |
+-----------------------------------------------------------------------------+
```

　一度にメモリ上にすべての画像を展開するような動作を避けるなど、コードレベルで改善をすることで、使用メモリを節約できます。Kerasなら `flow_from_directory()` の活用が挙げられます。ディスク節約は次のGoogleドライブマウントをうまく活用します。そうしてランタイム上限の範囲内でうまく使うことができます。

　それでも上限を超えてしまう場合は、後で紹介するAI Platform Notebooks（旧Cloud ML Notebooks）など、課金の上自身でリソースを選択できるものを使いましょう。

SECTION-020

ファイル読み込みと保存

開始時のColab上へのファイル読み込み、および最大12時間経過後のシャットダウンにどう備えたらよいかを説明します。

ローカルからのアップロード・ダウンロード

ある程度の数やサイズのファイルなら、ブラウザを経由してColabとローカルでやり取りできます。Colab画面の左ペインに、最近ファイルブラウザが追加され、そこからアップロード、ダウンロードができるようになりました。

▶ ファイルブラウザを使う

Colaboratoryの左ペインを開くと、[ファイル]というメニューがあります。ここにはデフォルトで /content 配下のファイルが表示されています。左上のボタンからファイルのアップロード、右クリックメニューからファイルのダウンロードを行うことができます。

▶ コマンドから行う

コマンドから行う場合は、 files をimportします。

```
from google.colab import files
```

アップロードは、下記を実行します。

```
uploaded = files.upload()
```

表示される[ファイル選択]ボタンを押し、アップロードしたいファイルを選びます。**複数のファイルを選択し、一括アップロード**することもできます。

ダウンロードは、下記をファイルを名を指定し実行すると、ブラウザでダウンロードが開始します。

```
files.download('{ファイル名}')
```

ランタイムとGoogleドライブの接続

一定以上のファイル容量、ローカルではないところに保存しておきたいなどの場合、Googleドライブ、Google Cloud Storageが使えます。Colabで完結し、持っているGoogleドライブ容量に収まるプロジェクトでは、Googleドライブが便利です。こちらのコマンドでマウントできます。

```
from google.colab import drive
drive.mount('/content/drive')
```

実行すると認証のURLが表示されるため、指示通りに必要な情報を貼り付けます。正常にマウントできれば対象Googleドライブ内容が表示されます。

```
!ls /contents/drive/My Drive
```

これにより、**/My Drive** 配下のファイルに対して **cp** や **mv** などのLinuxコマンドで、ファイルをコピー・移動できます。

ファイルの読み込み（Googleドライブ）

データセットなどをColabのランタイム上に持ってくる必要があります。それには次の方法があります。

- ローカルからアップロード（180ページ参照）
- wgetでWebから取得
- git cloneでWebから取得
- Googleドライブに入れて、ランタイムへ都度コピー
- kaggle-apiで取得

初回は **wget** や **git clone** で持ってくるとよいでしょう。Kaggle参加の場合は、**kaggle-api** でデータセットをダウンロードできます。一度、ダウンロードしたデータセットなどは、Googleドライブへコピーしておくことができます。

各作業用Notebook冒頭に下記の処理を書き、毎回、作業開始時のルーチンとして実行するのも便利です。

- Googleドライブのマウント
- 初期コピー

tar、zipは標準で解凍可能ですが、7zipは入っていないため、**apt-get -y install p7zip-full** を実行し、インストールしましょう。

```
# wget
!wget https://xxx/xxx.zip

# git clone
!git clone https://xxx/xxx.git

# kaggle-api
!pip install kaggle-cli

# .7z形式を扱う場合
!apt-get -y install p7zip-full

# ファイルの解凍等
!unzip xxx.zip
!7z x xxx.7z
!tar -zxvf xxx.tar.gz
```

■ SECTION-020 ■ ファイル読み込みと保存

kaggle-apiコマンドの使い方は、関連記事(https://qiita.com/uni-3/items/f1fdbeeddd08ca22c80f)をご参照ください。セットアップの中で必要となる **kaggle.json** は、Kaggle webサイトからダウンロードしたあと、後述する左ペインのファイルブラウザから簡単にアップロードできます。

余談ですが、あるディレクトリ下のzipファイルを一括で解凍したいときは、`!unzip *.zip` ではなく、`!unzip '*.zip'` と、シングルクォーテーションで正規表現を囲んでやる必要があります。

ファイルの保存（Googleドライブ）

先ほどwgetなどしたファイルも、利用上限の範囲内（無料で15GBまで。250円/月で100GBまで）でGoogleドライブへコピーしておくと、再利用できて便利です。

```
# 必要に応じてdirectory作成
!mkdir drive/<指定のフォルダ>

# 指定ファイルをdriveへコピー
!cp xxx drive/<指定のフォルダ>
```

ファイルを再度利用する場合は、Googleドライブからランタイムへ戻してやりましょう。

```
!cp drive/<指定フォルダ>/<指定ファイル等> .
```

大きなデータセットなどはzipのままGoogleドライブに保存しておき、Colabを起動都度、Colabローカルに解凍して持ってくるとよいです。

```
!unzip -q drive/<指定フォルダ>/<指定ファイル>.zip
```

`-q` は解凍時のメッセージを出さないオプションです。2GB程度、数千ファイルを含むアーカイブでも、1分程度でGoogleドライブからの取得と解凍が終わります。

残り容量の管理（Googleドライブ）

Googleドライブの残り容量を超過すると、学習中のモデルが正しく保存されず半日の学習結果が失われるなど、悲しい事態となります。Googleドライブをマウントしていれば、先述のランタイムのストレージ確認と同様、`df` コマンドで空き容量を確かめられます。

```
!df -h drive
```

```
Filesystem              Size  Used Avail Use% Mounted on
google-drive-ocamlfuse   15G  6.3G  8.8G  42% /content/drive
```

Googleドライブ無料枠は15GBなので、モデルサイズやデータセットサイズによってはすぐに超過します。有償での容量追加、またはこまめな不要ファイル削除を心がけましょう。容量追加は250円/月で100GBから行えます。最新の情報は**Google One**(https://one.google.com/about)を確認してください。

SECTION-021

おすすめのノートブック構成

　Colabのラインタイムとノートブックの関係を踏まえて、利用シーンに合わせた活用方法を解説します。

▎ランタイムとノートブックの関係

　ノートブック作成時、および実行中のランタイムの設定変更により、立ち上がるランタイムの数が異なります。

- 同じランタイム条件で複数ノートブックを開いても、同時に立ち上がるランタイムは1つ
- 正確には、Googleアカウント1つにつき、下記2つまで同時に起動する
  - GPUありランタイムを1つ
  - GPUなしランタイムを1つ
- あるノートブックが学習で占有されていても、他のノートブックを同一ランタイム条件で立ち上げると、ステータス確認などのコマンドで操作できる
- Python2用/Python3用それぞれのノートブックを立ち上げても、他のランタイム条件が同じなら、接続先のランタイムは同じとなる

図示すると、次の通りです。

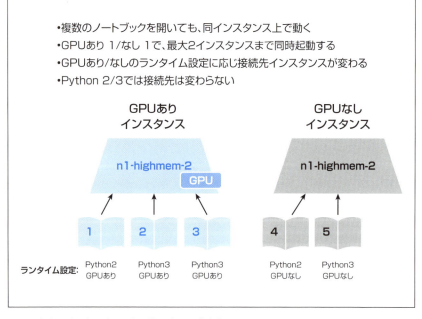

これを応用すると、次のような使い方ができます。

メインノートブックの実行負荷を確認する

メモリ利用量が多い、実行時間がかかる、などのタスクについて状況を確認したいことがあります。同じランタイム条件（GPUあり／なし）で新規ノートブックを作成し、下記コマンドを実行することで、ランタイムの状況を確認できます。

```
!apt-get install sysstat # sarの準備
!df -h # ディスク空き
!free -tm # メモリ空き
!ps aux # プロセス実行状況
!top # 各プロセスのリソース使用状況
!sar -u -r 1 5 # メモリ、CPU利用率の履歴
```

学習や推論中に並行作業をする

ちょっとファイルを退避させたい、連続起動時間を確認するなどに使えます。学習で占有されているランタイムで別作業ができます。

- 「A.ipynb」で数時間かかる学習中（同Notebookでは完了まで他のコマンドを実行できない）
    - 「B.ipynb」をランタイム条件を合わせて立ち上げると、同ランタイムで並行作業ができる
    - 「cp xxx.log drive/tmp」で作業中ファイルを回収するなど

▶ 講義・勉強会で内容をリアルタイム共有する

同じノートブックで、出力をリアルタイムに共有することができます。仮に、高橋さんと中山さんが共同で作業したいとします。Colabノートブックを、Googleスプレッドシートやドキュメントの共同編集と同じように扱うことができます。

- 高橋さんが「A.ipynb」で作業中に、中山さんが共有された「A.ipynb」を開く
- 中山さんは、高橋さんの作業結果（セル出力）を自分の手元の「A.ipynb」でリアルタイムに見られる
    - 閲覧だけなら、中山さんの「A.ipynb」のステータスは、ランタイムへ未接続でも問題ない

SECTION-022

おかしいなと思ったら

　Colabを使う中で、動作がおかしいなど、トラブルシューティングをすることがあります。ハマりやすいポイントを下記に挙げます。

- ランタイムは目的のものを選んでいるか
    - ホストか、ローカルか
    - Python2か、3か
    - GPUは割り当てられているか

　複数ノートブックの立ち上げなどで、メモリが逼迫したときは、[ランタイム]→[セッションの管理]から不要なセッションを終了します。

　制限時間が切れていないが、一度環境をリセットしたいときは、[ランタイム]→[ランタイムを再起動]または、下記コマンドを実行します。

```
!kill -9 -1
```

　公式のFAQも準備されているため、困ったときにはあせてご参照ください。

- Colaboratory FAQ
    - URL　https://research.google.com/colaboratory/faq.html

SECTION-023

最新のランタイム環境を確認する

　Colab環境は日々、最新にアップデートされます。各ライブラリのバージョンにより、エラーが発生することもあります。今日現在でのOS、ライブラリなどのバージョンを確認したいとき、下記のコマンドが便利です。

OSとバージョン

OSとバージョンは下記のコマンドで確認できます。

```
!cat /etc/issue
```

```
Ubuntu 18.04.1 LTS \n \l
```

ディスクサイズ

ディスクサイズは下記のコマンドで確認できます。なお、下記はGPUありでの例になります。

```
!df -h
```

```
Filesystem      Size  Used Avail Use% Mounted on
overlay         359G  9.4G  331G   3% /
...
```

メインメモリサイズ

メインメモリサイズは下記のコマンドで確認できます。

```
!free -h
```

```
              total        used        free      shared  buff/cache   available
Mem:            12G        391M        6.6G        828K        5.7G         12G
Swap:            0B          0B          0B
```

割り当てCPU

割り当てCPUは下記のコマンドで確認できます。なお、下記はGPUありでの例になります。

```
!cat /proc/cpuinfo
```

■SECTION-023 ■最新のランタイム環境を確認する

```
processor : 0
...
model name        : Intel(R) Xeon(R) CPU @ 2.20GHz
...
cpu MHz           : 2200.000
cache size        : 56320 KB
...

processor : 1
...
model name        : Intel(R) Xeon(R) CPU @ 2.20GHz
...
cpu MHz           : 2200.000
cache size        : 56320 KB
...
```

割り当てGPU／TPU

　割り当てGPU／TPUは下記のコマンドで確認できます。なお、下記はGPUありでの例になります。

```
!cat /proc/driver/nvidia/gpus/0000:00:04.0/information
```

```
Model:            Tesla K80
IRQ:              33
...
```

```
from tensorflow.python.client import device_lib
device_lib.list_local_devices()
```

```
[name: "/device:CPU:0"
device_type: "CPU"
memory_limit: 268435456
locality {
}
incarnation: 14142945018355836735, name: "/device:GPU:0"
device_type: "GPU"
memory_limit: 358416384
locality {
  bus_id: 1
}
incarnation: 7915847976140889213
physical_device_desc: "device: 0, name: Tesla K80, pci bus id: 0000:00:04.0, compute capability: 3.7"]
```

GPUドライバ、ライブラリ

GPUドライバ、ライブラリは下記のコマンドで確認できます。

```
!nvcc -V
```

```
nvcc: NVIDIA (R) Cuda compiler driver
Copyright (c) 2005-2018 NVIDIA Corporation
Built on Sat_Aug_25_21:08:01_CDT_2018
Cuda compilation tools, release 10.0, V10.0.130
```

```
!nvidia-smi
```

```
Mon Feb 11 16:41:22 2019
+-----------------------------------------------------------------------------+
| NVIDIA-SMI 410.79       Driver Version: 410.79       CUDA Version: 10.0     |
|-------------------------------+----------------------+----------------------+
| GPU  Name        Persistence-M| Bus-Id        Disp.A | Volatile Uncorr. ECC |
| Fan  Temp  Perf  Pwr:Usage/Cap|         Memory-Usage | GPU-Util  Compute M. |
|===============================+======================+======================|
|   0  Tesla K80           Off  | 00000000:00:04.0 Off |                    0 |
| N/A   31C    P8    29W / 149W |      0MiB / 11441MiB |      0%      Default |
+-------------------------------+----------------------+----------------------+

+-----------------------------------------------------------------------------+
| Processes:                                                       GPU Memory |
|  GPU       PID   Type   Process name                             Usage      |
|=============================================================================|
|  No running processes found                                                 |
+-----------------------------------------------------------------------------+
```

SECTION-024
さまざまな機械学習・深層学習フレームワークを使う

本書は主にTensorFlow/Keras、および強化学習でChainerを使いました。それぞれのセットアップ方法をまとめます。

導入済みパッケージ

プリセットのパッケージ、およびそのバージョンは、pipコマンドで確認します。

```
!pip list
```

TensorFlow

Kerasは、公式にTensorFlowに含まれるモジュールとなったため、別途インストールする必要はなくなりました。

```
from tensorflow import keras
```

PyTorch

2019年1月から、PyTorchが、準備不要ですぐに使えるようになりました。下記を実行してみます。

```
import torch
torch.cuda.is_available()
```

`True` が返ればGPUがPyTorchから使えています。

```
print(torch.__version__)
```

`1.0.0` など、プリインストールバージョンが表示されます。

Chainer

2018年12月より、Chainer、バックエンドのCuPy、iDeepが準備不要ですぐ使えるようになりました。

```
import chainer
chainer.print_runtime_info()
```

下記が返されます。

```
Platform: Linux-4.14.79+-x86_64-with-Ubuntu-18.04-bionic
Chainer: 5.0.0
NumPy: 1.14.6
CuPy:
  CuPy Version          : 5.0.0
  CUDA Root             : /usr/local/cuda
  CUDA Build Version    : 9020
  CUDA Driver Version   : 9020
  CUDA Runtime Version  : 9020
  cuDNN Build Version   : 7201
  cuDNN Version         : 7201
  NCCL Build Version    : 2213
iDeep: 2.0.0.post3
```

SECTION-025

Colabの制約を外したい

下記の制限から自由になりたいことがあります。
- 12時間制限をなくす
- アイドル時シャットダウン待ち時間を長くする
- CPUコア、RAM、GPU枚数を増やす

下記に挙げる複数の方法がありますが、現時点ではAI Platform Notebooksがベータサービスながら最も簡便に使うことができます。今後の正式版提供が期待されます。

自前のColabバックエンド（ローカルランタイム接続）

自前のColabバックエンドを、さまざまなクラウドで立ち上げる方法は、Qiitaでの@ikeyasu氏の記事を参照するとよいでしょう。

> URL https://qiita.com/ikeyasu/items/6f23d33c378435a1a27c
> URL https://qiita.com/ikeyasu/items/2350046d81848472f2d0
> URL https://qiita.com/ikeyasu/items/30f17d2ca01239b486de

Cloud Datalab

「Cloud Datalab」（https://cloud.google.com/datalab/）という、Colaboratory以前からGCPで提供されている、Jupyter Notebook付きで立ち上がるVMがあります。ただし、下記の注意点があります。
- 課金が必要
- 使えるNotebookはColaboratoryと同じくJupyter亜種だが、GUIが異なる
- Colabと比較し、ランタイムの初回起動に時間がかかる（5〜10分程度）

Google Cloud Console上からシェルを使えば、ランタイムの立ち上げ、ログイン、破棄までブラウザで完結することができます。

AI Platform Notebooks

「AI Platform Notebooks」（旧Cloud ML Notebooks）（https://cloud.google.com/ml-engine/docs/notebooks/）は、2019年3月よりベータ提供された新しいサービスです。JupyterLabという、Jupyterファミリーで最も新しい環境を、ランタイムの条件を自分で決めて使うことができます。

EPILOGUE

「図解速習DEEP LEARNING」いかがでしたか。

はじめに挙げた7つの地図を片手に、機械学習・深層学習の最近とこれから、情報収集方法、ハンズオンの基礎編と実践編、実プロジェクト適用と留意点を駆け抜けてきました。

- 機械学習の学習と実践に必要な俯瞰図を持てたか
- 最新の論文/学会や各社発表を知ることができたか
- 最新トレンドを知り、さらに自分のペースでキャッチアップできるか
- 数式で挫折せず、あなたの手で動かしながら、機械学習の流れを体得できたか
- 数値、画像／映像、自然言語、音、強化学習、アプリ事例を動かせたか
- 環境構築で挫折せず、Colaboratoryという無料GPUクラウドを使いこなせるか

「楽しい山下りができた」「たどり着きたい場所(試したい何か)が見つかった」などの発見があったなら嬉しいです。冒頭に挙げたのゴール、自分のやりたいこと、課題に適用できる「総合力をつけること」はできたでしょうか。世の人工知能・機械学習・深層学習のニュースや製品を見たときの気づき、思考は変わったでしょうか。

さあ、準備は万端です。ここからはみなさんそれぞれの、本書を超えた冒険に出かけましょう。これをきっかけに「始めたこと」「作ったこと」などがあれば、ぜひ教えてください。そうしたお話しが聞けることを待っています。

Enjoy your machine learning journey!

INDEX

記号・数字

.ipynb	179
6次元物体検出	45

A・B・C

Adversarial Examples	37
AI Platform Notebooks	202
AlphaGo	47
AlphaGo Zero	47
AlphaStar	47
A Neural Network Playground	72
A Neural Parametric Singing Synthesizer	43
anki	138
Ape-X	47
Artificial Intelligence	13
ArXiv	51
ASIC	96
Attention	127, 139
Augmentation	103
Automatic music transcription	151
AutoML	29
Baselines	157
BERT	40
BigGAN	34, 122
Breakout-v0	162
Browse the State-of-the-Art	26
CartPole-v1	158
Chainer	21, 95, 200
CharRNN	136
Cloud Datalab	202
Cloud ML Notebooks	202
CNN	103, 143
Colaboratory	58, 178
CPU	96
cv.paperchallenge	51
CycleGAN	36, 120

D・E・F

DeepDream	109
Deepfake	36
Deep Learning	14
Deep Q Network	47, 159, 163
Deep Video Portraits	36
DELF	32, 115, 117
DIY Robocars	164
DNN Classifier	132
Donkey Car	164
DQN	47, 159
Duplex	43
ELMo	40
Embedding層	127
epoch数	67
ERNIE	40
FaceForensics	37
FakeApp	36
Fashion-MNIST	70, 105
fine-tuning	104
Firebase	95
FPGA	96

G・H・I・J・K

GAN	33, 36, 119
GAN Lab	120
GitHub	179
Google Cloud Speech-to-Text	143
Googleドライブ	179, 192
Google翻訳	39
GPT-2	41
GPU	60, 96, 185
GRU	127
Hacker News	51
ImageNet LSVRC 2012	30
IMDB	127, 131
IML4M	43
InceptionV3	104
Inflated 3D Convnets	112
ISMIR 2018	43
JavaScript	167
Kaggle	28
Kaggle Dogs vs Catsデータセット	108
Kuzushiji-MNIST	70

L・M・N

Learning rate	68
loss	64
LSTM	127
LunarLander	159
LunarLanderContinuous-v2	161
LunarLander-v2	161
Machine Learning	13
Machine Learning for Artists	175
Magenta	43, 146
Magenta.js	95, 167
MaskRCNN	31
Microsoft Azure Speech to Text	143
MIDI	142
mimi	145
ml5.js	167
ml5js	95
ml5js/ml5-examples	170
MLaaS	29
MLOps	94
MLP	72, 103
MNIST	61
MobileNetV2	108
MOOCs	52
MOVE MIRROR	31
MusicVAE	147

INDEX

MVP	92
NAS	48
Network Architecture Search	48
nlp.paperchallenge	51
nnlm-en-dim-128	132

O・P・R

Onsets and Frames	151
OpenAI Five	47
OpenAI Gym	156
OpenCV	114
optimizer	64,66
overfitting	65
p5.js	167
p5.js Web Editor	168
PaintsChainer	35
Performance RNN	150
pix2pix	36,120
Playground	72
PoseNet	31,172
POSTD	51
Progressive Growing GAN	33
Project Gutenberg	137
Python	183
PyTorch	21,95,200
R2D2	47
Rainbow	47
Reddit	51
ResNet	104
RGB	103
RL Baselines Zoo	157
RNN	143
Rumors of ML	51

S・T

SAC	166
SA-GAN	123
seq2seq	127,139
SIFT	32
SIGNATE	28
SOTA	26
Sound of Pixels	44
SRGAN	35
Stable Baselines	157
SuperSloMo	35
Synthetic sensors	44
Tacotron2	43
TactGAN	45
Tay	39
TensorFlow	21,95,200
TensorFlow.js	95,167
TensorFlowチュートリアル	58
TPU	186

U・V・W・Y

Universal Music Translation Network	43
Universal Sentence Encoder	134
VAE	143
Validation	66
VGG16	104
WaveNet	43,143
Wayve	164
Weekly Machine Learning	51
World Models	166
YOLOv3	31

あ行

アート	17
アップロード	180,191
英語	56
エージェント	154
エッジ	95
エポック	75
エンジニアリング	29
音	142
オプティマイザ	75
重み	73
音楽情報処理	151
音声／音楽	42
音声認識	42

か行

過学習	65
学習	64,82,93
学習率	68,75
確率	106
歌唱	42
画像／映像	29,33,35,102
画像スタイル	109
画像のキャプション	140
学会	52
活性化関数	74
カレントディレクトリ	183
環境構築	15
機械学習	13,90
機械翻訳	39,137
技術カンファレンス	53
強化学習	45,154
クラウド	94
グラフ	44
形態素解析	126
系列データ	142
ゲーム	47
ゲーム理論	47
研究	16
講座	54
工場操業	48
高精細画像	122

INDEX

交通 ……………………………………… 48
行動 ………………………………… 45,154
勾配降下法 ……………………………… 75
コード ………………………………… 21,22
誤差逆伝播法 …………………………… 75
コンテキスト認識 ……………………… 112
コンペ ………………………………… 28,78

さ行

サーバー ………………………………… 94
作曲 …………………………………… 147
サブワード …………………………… 126
シェルコマンド ……………………… 183
システム運用 …………………………… 87
姿勢制御 ……………………………… 159
自然言語 …………………………… 38,125
自動運転 …………………………… 48,164
条件 …………………………………… 64,93
状態表現学習 ………………………… 166
情報収集 …………………………… 19,49
事例 …………………………………… 25
人工知能 ……………………………… 13
シンセ用音合成 ……………………… 146
深層学習 …………………………… 13,14
数学 …………………………………… 21,22
数値・表形式 ……………………… 26,98
図表 …………………………………… 21,22
スマートフォン ……………………… 100
生成型要約 …………………………… 39
制約 …………………………………… 202
双方向LSTM ………………………… 143
即興演奏 ……………………………… 150
損失関数 ……………………………… 75

た行

対話 …………………………………… 39
ダウンロード ………………………… 191
多層パーセプトロン ……………… 72,103
畳み込みニューラルネットワーク …… 103
単語の分散表現 ……………………… 126
知識抽出 ……………………………… 40
着陸 …………………………………… 159
注意機構 ……………………………… 139
抽出型要約 …………………………… 39
チューニング ……………………… 66,82,93
データセット ……………………… 62,79,93
データセットの水増し ……………… 103
手書き文字認識 ……………………… 58
テキスト生成モデル ………………… 136
転移学習 ………………………… 104,107
動画 …………………………………… 112
東大松尾研 …………………………… 99
トークナイザ ………………………… 126
ドメイン適応 ………………………… 40

な行

ニューロン ……………………………… 73
認識 …………………………………… 30
ネットワーク …………………………… 94
ノード …………………………………… 73
ノートブック ……………… 179,181,183,194

は行

ハードウェア …………………………… 96
バイアス ………………………………… 73
ハイパーパラメータ ……………… 64,85
波形データ …………………………… 142
バッチ ………………………………… 75
バッチサイズ …………………………… 75
発表会 ………………………………… 52
発話 …………………………………… 42
バランス制御 ………………………… 157
ビジネス ……………………………… 16
評価 ………………………………… 65,82,93
ファイル ……………………………… 191
ファインチューニング ………… 104,107
フォレンジックス …………………… 37
物体認識 …………………………… 30,115
譜面 …………………………………… 151
フレームワーク …………………… 21,200
ブロック崩し ………………………… 162
文章 …………………………………… 136
文章／言語 …………………………… 38
文章生成 ……………………………… 40
分野 …………………………………… 25
分類 …………………………………… 39
勉強会 ………………………………… 52

ま行

モデル ……………………… 18,63,80,93

や行

要約 …………………………………… 39

ら行

ライセンス …………………………… 21
ライブラリ ……………………… 21,167
ランタイム ……………………… 185,187
ランタイム環境 ……………………… 197
リソース ……………………………… 189
りんな ………………………………… 39
ロボット ……………………………… 48
論文 ………………………………… 50,55

わ行

ワンホットエンコーディング ……… 129

参考文献

第3章の各節・各項に関連する書籍、論文、ブログを中心に紹介します。arXiv収録のものは「https://arxiv.org/」より、各タイトルで検索し、閲覧できます。発展した学習にお役立てください。

◆数値・テーブル形式
・塚本邦尊（著）、山田典一（著）、大澤文孝（著）、中山浩太郎（監修）、松尾豊［協力］
　　　　　　　　　　　　　　　　　　　　　　　　　　　「東京大学のデータサイエンティスト育成講座」マイナビ出版

◆画像・映像
・MobileNetV2
　・Mark Sandler, Andrew Howard, Menglong Zhu, Andrey Zhmoginov: "MobileNetV2: Inverted Residuals and Linear Bottlenecks", 2018, The IEEE Conference on Computer Vision and Pattern Recognition (CVPR), 2018, pp. 4510-4520; arXiv:1801.04381.
・DELF
　・Hyeonwoo Noh, Andre Araujo, Jack Sim, Tobias Weyand: "Large-Scale Image Retrieval with Attentive Deep Local Features", 2016; arXiv:1612.06321.
・I3D
　・Joao Carreira: "Quo Vadis, Action Recognition? A New Model and the Kinetics Dataset", 2017; arXiv:1705.07750.
・DeepDream
　・Mordvintsev A, Olah C, Tyka M: "Inceptionism: going deeper into neural networks", .2015; Google Research Blog. http://googleresearch.blogspot.co.uk/2015/06/inceptionism-going-deeper-into-neural.html
・Compare GANs
　・Karol Kurach, Mario Lucic, Xiaohua Zhai, Marcin Michalski: "The GAN Landscape: Losses, Architectures, Regularization, and Normalization", 2018; arXiv:1807.04720.
・pix2pix
　・Phillip Isola, Jun-Yan Zhu, Tinghui Zhou: "Image-to-Image Translation with Conditional Adversarial Networks", 2016; arXiv:1611.07004.
・CycleGAN
　・Jun-Yan Zhu, Taesung Park, Phillip Isola: "Unpaired Image-to-Image Translation using Cycle-Consistent Adversarial Networks", 2017; arXiv:1703.10593.
・BigGAN
　・Andrew Brock, Jeff Donahue: "Large Scale GAN Training for High Fidelity Natural Image Synthesis", 2018; arXiv:1809.11096.

◆自然言語
・Unversal Sentence Encoder
　・Daniel Cer, Yinfei Yang, Sheng-yi Kong, Nan Hua, Nicole Limtiaco, Rhomni St. John, Noah Constant, Mario Guajardo-Cespedes, Steve Yuan, Chris Tar, Yun-Hsuan Sung, Brian Strope: "Universal Sentence Encoder", 2018; arXiv:1803.11175.
・CharRNN
　・A. Karpathy: "The Unreasonable Effectiveness of Recurrent Neural Networks", 2015; Andrej Karpathy blog. http://karpathy.github.io/2015/05/21/rnn-effectiveness/
・ニューラル機械翻訳(seq2seq+attention)
　・Minh-Thang Luong, Eugene Brevdo, Rui Zhao: "Neural Machine Translation (seq2seq) Tutorial", 2017; GitHub. https://github.com/tensorflow/nmt
・キャプション生成
　・Kelvin Xu, Jimmy Ba, Ryan Kiros, Kyunghyun Cho, Aaron Courville, Ruslan Salakhutdinov, Richard Zemel: "Show, Attend and Tell: Neural Image Caption Generation with Visual Attention", 2015; arXiv:1502.03044.

◆画像・映像
・NSynth
　・Jesse Engel, Cinjon Resnick, Adam Roberts, Sander Dieleman, Douglas Eck, Karen Simonyan: "Neural Audio Synthesis of Musical Notes with WaveNet Autoencoders", 2017; arXiv:1704.01279.
・MusicVAE
　・Adam Roberts, Jesse Engel, Colin Raffel, Curtis Hawthorne: "A Hierarchical Latent Vector Model for Learning Long-Term Structure in Music", 2018, ICML 2018; arXiv:1803.05428.
・PerformanceRNN
　・Ian Simon, Sageev Oore: "Performance RNN: Generating Music with Expressive Timing and Dynamics", 2017; Magenta Blog. https://magenta.tensorflow.org/performance-rnn
・Onsets and Frames
　・Curtis Hawthorne, Erich Elsen, Jialin Song, Adam Roberts, Ian Simon, Colin Raffel, Jesse Engel, Sageev Oore: "Onsets and Frames: Dual-Objective Piano Transcription", 2017; arXiv:1710.11153.

◆強化学習
・OpenAI Gym
　・Greg Brockman, Vicki Cheung, Ludwig Pettersson, Jonas Schneider, John Schulman, Jie Tang: "OpenAI Gym", 2016; arXiv:1606.01540.

■著者紹介

増田　知彰（ますだ　ともあき）　都内IT企業にてInternet of Things関連サービスの技術マネージャ、および海外展開を担当。個人として翻訳などのオープンソース活動や、教育・イノベーションに関するNPO活動に携わる。修士（情報学、経営学）。

■Twitter　@tomo_makes(https://twitter.com/tomo_makes)

編集担当：吉成明久 / カバーデザイン：秋田勘助(オフィス・エドモント)
写真：©melpomen - stock.foto

●特典がいっぱいのWeb読者アンケートのお知らせ

C&R研究所ではWeb読者アンケートを実施しています。アンケートにお答えいただいた方の中から、抽選でステキなプレゼントが当たります。詳しくは次のURLのトップページ左下のWeb読者アンケート専用バナーをクリックし、アンケートページをご覧ください。

C&R研究所のホームページ http://www.c-r.com/
携帯電話からのご応募は、右のQRコードをご利用ください。

図解速習DEEP LEARNING

2019年5月15日　初版発行

著　者	増田知彰	
発行者	池田武人	
発行所	株式会社　シーアンドアール研究所	
	新潟県新潟市北区西名目所4083-6(〒950-3122)	
	電話　025-259-4293　FAX　025-258-2801	
印刷所	株式会社　ルナテック	

ISBN978-4-86354-276-1　C3055
©Tomoaki Masuda, 2019　　　　　　　　　　Printed in Japan

本書の一部または全部を著作権法で定める範囲を越えて、株式会社シーアンドアール研究所に無断で複写、複製、転載、データ化、テープ化することを禁じます。

落丁・乱丁が万一ございました場合には、お取り替えいたします。弊社までご連絡ください。